電子回路

【第2版・新装版】

桜庭 一郎／熊耳 忠 共著
Ichiro Sakuraba *Tadashi Kumagami*

森北出版株式会社

●本書の補足情報・正誤表を公開する場合があります．当社 Web サイト（下記）
で本書を検索し，書籍ページをご確認ください．

https://www.morikita.co.jp/

●本書の内容に関するご質問は下記のメールアドレスまでお願いします．なお，
電話でのご質問には応じかねますので，あらかじめご了承ください．

editor@morikita.co.jp

●本書により得られた情報の使用から生じるいかなる損害についても，当社およ
び本書の著者は責任を負わないものとします．

JCOPY 〈(一社)出版者著作権管理機構 委託出版物〉
本書の無断複製は，著作権法上での例外を除き禁じられています．複製される
場合は，そのつど事前に上記機構（電話 03-5244-5088，FAX 03-5244-5089，
e-mail: info@jcopy.or.jp）の許諾を得てください．

まえがき

　エレクトロニクスは急速に発展しており，その影響は産業界のみならず，私たちの日常生活にも広くそして深く及んでいる．このエレクトロニクスの基礎となるのが，トランジスタを中心とする電子デバイスを用い，能動素子として動作させる電子回路である．また，現代における産業の新しい米ともよばれる集積回路も，小さい基板上に，能動および受動素子を一体として構成した電子回路である．したがって，大学や高専の電気・電子・情報工学においても，電磁気学や電気回路理論と同じように基礎科目として扱われている．さらに電気系技術者のみならず，あらゆる分野の技術者にも電子回路の知識が必要とされつつある．

　著者は，このような電子回路を大学および高専の学生に長年講義してきた．それゆえ，長い期間にわたり用意した原稿と資料を整理し，電子回路をはじめて学ぼうとする学生の教科用としてまとめたのが本書である．また，将来高度な電子回路を勉強しようとする人や，回路設計の本を読むために基礎的な知識を必要とする人の入門書でもある．したがって，電子回路のすべてを含むものではなく，あとあとまで役立つような本質的なことに内容を絞り，そのかわり，限られた本質的な内容については十分理解でき，その概念がつかめるように，丁寧な記述を心がけた．さらに，電子デバイスの動作を習得していない読者のために，1章を設けて必要な説明も加えてある．

　本書は3名の著者によって書かれているが，その分担は

　　　第1章，第2章　　桜庭一郎
　　　第3章〜第10章　　大塚　敏
　　　第11章　　　　　　熊耳　忠

であり，全体を通じての一貫性には十分留意したつもりである．もとより著者の能力不足から，意を尽していない点もあると思うが，読者のご助言により，この新著をより完全な教科書に育てあげていくことができれば，著者のよろこびこれに過ぎるものはない．

　おわりに，電気・電子・情報工学における基礎および専門教育について，有益なご指導を賜った東京工業大学名誉教授・幾徳工業大学教授　西巻正郎先生，ならびに本書執筆のお薦めをいただいた東京工業大学名誉教授・東京工業高等専門学校長　関口利男先生に厚くお礼申し上げる．また本書の出版を企画くださった森北出版株式会社社長　森北肇氏，出版と校正にご尽力された同社編集部の吉松啓視氏と水垣偉三夫氏および同社開発部の利根川和男氏に深く感謝する．さらに原稿の整理と検討を適確に進められた函館高専　喜多幸次氏ならびに北海道大学大学院修士課程の安保尚俊，岡本淳両君と同大学工学部電子物理工学講座の庄司由利さんに心から感謝する．

なお，参考文献にあげた著書のほか，国内外の学術誌から多くの恩恵をうけた．ここに関係各位に深い謝意を表する．

1986 年 1 月

著　者

■第 2 版のまえがき

「電子回路」の初版が 1986 年春に公刊されてから，十数年が経過した．幸いにも，この間に 18 刷を重ねることができたのは大きな喜びであり，またいっそうの責任を感じている．

この期間，電子回路に用いられるトランジスタや IC などの電子デバイスは，着実に発展を続け，デバイスの特性を記述する入門書も容易に得られるようになった．したがって電子回路と増幅回路の基礎を説明する 1 章と 2 章を再検討し，改訂することにした．第 2 版から，大塚敏函館高専名誉教授が執筆を辞退され，従来の原稿（第 3 章～第 10 章）の使用をお許し頂いた．大塚先生のご好意に心から感謝する．PLL 水晶発振回路を 6.5.6 項に新しく加えた．11 章のパルス回路も再検討し，基本的事項を示すように心がけた．さらに新しく 12 章を設け，ディジタル回路の基礎をとりあげた．あわせて参考文献に加筆を行なった．全般を通じて，電子回路の専門用語は電子情報通信学会で使用されている語を用いた．

本書は 2 名の著者によって書かれているが，改訂にあたりその分担は

　　　第 1 章～第 10 章　　　桜庭一郎
　　　第 11 章，第 12 章　　　熊耳　忠

である．

これまでによせられた多数の熱心な読者の方々のご厚情に心からお礼申し上げるとともに，森北出版株式会社の利根川和男氏，水垣偉三夫氏をはじめ関係各位のご努力に深く感謝する．

2001 年 9 月 1 日

著　者

■第 2 版新装版の発行にあたって

本書は，第 2 版の発行から 16 年が経ったいまも，教科書として読者の支持をいただいています．これからも長くお使いいただけるように，JIS 回路記号への準拠，2 色刷化，レイアウトの一新，重要語句・索引の英語併記などの整理を行いました．

2018 年 10 月

出版部

目　次

第1章　**電子回路の基礎**　　　　　　　　　　　　　　　　　　　*1*

1.1　電子回路　………………………………………………　*1*
1.2　電子デバイスの特性　……………………………………　*1*
1.3　電子デバイスの線形等価回路　…………………………　*12*
1.4　雑　音　…………………………………………………　*20*
演習問題　………………………………………………………　*22*

第2章　**増幅回路の基礎**　　　　　　　　　　　　　　　　　　　*24*

2.1　増幅回路　………………………………………………　*24*
2.2　バイアス　………………………………………………　*25*
2.3　動作量　…………………………………………………　*28*
2.4　図式解析法　……………………………………………　*32*
2.5　ひずみ　…………………………………………………　*36*
2.6　デシベル　………………………………………………　*36*
2.7　雑音指数　………………………………………………　*37*
演習問題　………………………………………………………　*39*

第3章　**帯域増幅回路**　　　　　　　　　　　　　　　　　　　　*40*

3.1　帯域増幅器　……………………………………………　*40*
3.2　RC 結合 FET 回路　……………………………………　*40*
3.3　RC 結合トランジスタ回路　……………………………　*47*
3.4　直接結合増幅回路　………………………………………　*49*
3.5　変成器結合増幅回路　……………………………………　*50*
3.6　広帯域増幅回路　………………………………………　*51*
演習問題　………………………………………………………　*54*

iv 目次

第4章 **周波数選択増幅回路** *55*

4.1 同調増幅器 · *55*

4.2 LC 並列共振回路の性質 · · · · · · · · · · · · · · · · · · *55*

4.3 単一同調増幅回路 · *58*

4.4 複同調増幅回路 · *59*

4.5 スタガ同調増幅回路 · *63*

4.6 RC 同調増幅回路 · *63*

4.7 中和回路 · *64*

演習問題 · *66*

第5章 **負帰還増幅回路** *67*

5.1 帰還増幅器 · *67*

5.2 帰還の理論 · *67*

5.3 負帰還増幅器の利点 · *68*

5.4 帰還の安定性 · *74*

5.5 負帰還回路の計算例 · *75*

演習問題 · *76*

第6章 **発振回路** *77*

6.1 発振器 · *77*

6.2 発振条件 · *78*

6.3 LC 発振回路 · *79*

6.4 RC 発振回路 · *83*

6.5 水晶発振回路 · *87*

演習問題 · *95*

第7章 **電力増幅回路** *96*

7.1 電力増幅器 · *96*

7.2 A 級電力増幅回路 · *96*

7.3 B 級電力増幅回路 · *98*

目　次　v

7.4	位相反転回路	101
7.5	OTL 回路	101
7.6	C 級高周波電力増幅回路	102
演習問題		104

第8章　電源回路　　105

8.1	直流電源	105
8.2	電源回路の特性	105
8.3	整流回路	106
8.4	平滑回路	110
8.5	直流安定化電源回路	113
8.6	スイッチング電源	115
演習問題		116

第9章　変調および復調回路　　117

9.1	変調および復調	117
9.2	振幅変調の理論	117
9.3	振幅変調回路	119
9.4	振幅変調波の復調回路	122
9.5	角度変調	124
演習問題		134

第10章　オペアンプ IC　　135

10.1	オペアンプ	135
10.2	差動増幅器	135
10.3	ダーリントン回路	137
10.4	定電流回路	138
10.5	能動負荷	138
10.6	レベルシフト回路	139
10.7	代表的なオペアンプの内部回路	140
10.8	オペアンプ IC の特性	141

vi　目次

10.9　反転増幅回路と非反転増幅回路　・・・・・・・・・・・・・・・・・・・・・・・・・・・・・・・・・　*142*

10.10　位相補償　・・・　*143*

10.11　オフセットの調整　・・　*145*

10.12　オペアンプ IC 応用回路　・・　*145*

演習問題　・・　*150*

第11章　パルス回路　*151*

11.1　パルス回路の基本と波形整形　・・・・・・・・・・・・・・・・・・・・・・・・・・・・・・・・・　*151*

11.2　トランジスタパルス回路　・・・・・・・・・・・・・・・・・・・・・・・・・・・・・・・・・・・・・・・　*160*

11.3　マルチバイブレータ　・・　*164*

11.4　直線掃引回路　・・　*174*

演習問題　・・　*180*

第12章　ディジタル回路　*182*

12.1　ディジタル回路　・・　*182*

12.2　基本ゲート　・・・　*182*

12.3　カルノー図　・・・　*185*

12.4　マルチバイブレータ　・・　*187*

12.5　フリップフロップ　・・・　*188*

12.6　カウンタ回路　・・・　*192*

12.7　演算回路　・・　*194*

演習問題　・・　*198*

演習問題解答　・・　*199*

参考文献　・・　*210*

索　引　・・・　*211*

第 1 章 電子回路の基礎

1.1 電子回路

電子回路は，**ダイオード**（diode），**トランジスタ**（transistor），**集積回路**（integrated circuit，IC）などの**電子デバイス**（electron device）を含む電気回路である．それらのデバイスは能動素子ともよばれ，特徴である電圧電流の制御，非線形動作，信号またはエネルギーの交換などの機能を利用するものである．

また，デバイスを含む回路は能動回路といい，インダクタンス L，コンデンサ C と抵抗 R などの受動素子のみで構成される回路を受動回路とよぶ．

デバイスの特性曲線（電流と電圧の関係）は一般に非直線であり，その特性を用いる回路は非線形電子回路とよばれる．信号の振幅が小さいと，特性曲線の直線部を利用でき，線形電子回路となる．

1.2 電子デバイスの特性

電子回路に使用される主要なデバイスを表 1.1 に示す．ダイオードは p 型と n 型の半導体を接合し，それぞれの端に金属電極がある．ユニポーラ・トランジスタは，電子あるいは正孔の一つの**キャリア**（carrier）が特性を決める．また，バイポーラ型は，電子と正孔の二つのキャリアが，トランジスタの特性に寄与する．

表 1.1　デバイスの種類

```
┌ ダイオード
├ ユニポーラ・      ┌ JFET
│   トランジスタ    └ MOS-FET
└ バイポーラ・      ┌ npn
    トランジスタ    └ pnp
```

1.2.1 ダイオード

図 1.1 の pn 接合ダイオードは，順バイアス（2.2 節参照）の場合，電流は多数キャリアが支配的となる．電圧 V を増すと，接合を通る電流 I は急増する．逆バイアスでは少数キャリアが電界で運ばれ，接合を流れる電流はきわめて少なく，V に関係なく一

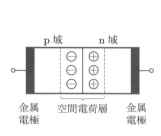 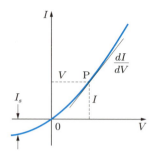

図 1.1　pn 接合ダイオードのモデル　　図 1.2　pn 接合ダイオードの電流・電圧特性

定値 I_s となる．このような特性を**整流特性**（commutating characteristic）という．

V と I の関係を図 1.2 に示す．ダイオードの抵抗には，静抵抗と**動抵抗**（dynamic resistance）の二つの表し方がある．静抵抗 R は，同図の動作点 P における電圧 V と電流 I の比で定義され，$R = V/I$ である．動抵抗 r は，電流・電圧が小振幅で動作する場合，点 P における静特性曲線の傾斜の逆数で定義され，$r = dV/dI$ である．特性が線形の場合 R と r は一致するが，非線形の場合は一般に異なる．

図 1.2 の非線形特性は解析が困難なので，図 1.3（a）のように，特性を**折れ線で近似**（broken line approximation）することが多い．同図の V_T は，pn 接合の拡散電位の値程度（0.6 V ほど）に選ばれる．この特性は，理想的なダイオード D，抵抗 R と電圧源 V_T により同図（b）の回路で表示できる．

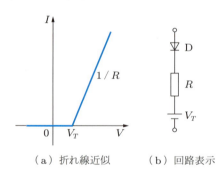

（a）折れ線近似　　（b）回路表示

図 1.3　ダイオード特性の折れ線近似

理想的なダイオードは図 1.4（a）のように，順バイアスのとき抵抗が 0 で完全に導通し，逆バイアスでは電気抵抗が無限大で，完全にしゃ断する．その回路記号を，同図（b）に示す．同図の電流 I は実際に流れる方向を与え，電圧の矢印は，その先端部分が正電位を示す．

ダイオードの特性例を図 1.5 に示す．

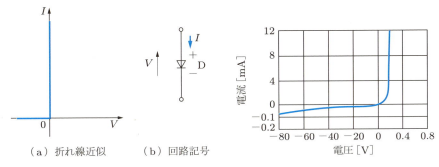

(a) 折れ線近似 　(b) 回路記号

図 1.4　理想的なダイオード特性の折れ線近似

図 1.5　ダイオード特性の例

1.2.2 ユニポーラ・トランジスタ

多数キャリアを直接制御する**ユニポーラ・トランジスタ**（unipolar transistor）は，**電界効果トランジスタ**（field effect transistor, FET）である．図 1.6 に n 型半導体を用いた模式図を示す．この場合，p^+n 接合がつくられているので，**接合型 FET**（junction FET, JFET）とよぶ．

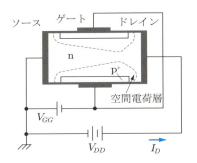

図 1.6　n チャネル JFET のモデル

電子流が**ソース**（source）から**ドレイン**（drain）に向かい，ドレイン電流 I_D となる．p^+n 接合は逆バイアスであるから，空間電荷層が n 域内にできる．**ゲート**（gate）に加える逆バイアスを増すと，電子が流れる通路，つまり **n チャネル**（n type channel）が狭くなり，I_D が減少する．

JFET の回路記号を図 1.7 に，電源の接続を図 1.8 に示す．また，静特性の例を図 1.9 に示す．同図(a)は，ゲート電圧 V_G をパラメータとし，ドレイン電圧 V_D と I_D の関係を示す出力特性である．V_D が高い値になると，I_D が飽和しはじめる．このときの V_D の値を，**ピンチオフ電圧**（pinch-off voltage）という．同図(b)は，I_D と V_G の関係を与える伝達特性である．V_G の値を負方向に大きくすると，I_D は減少し，ある V_G で $I_D = 0$ となる．この場合も，その V_G の値をピンチオフ電圧とよんでいる．

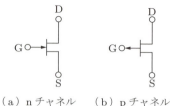

(a) nチャネル　　(b) pチャネル

図 1.7　JFET の回路記号

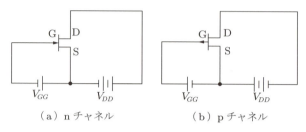

(a) nチャネル　　(b) pチャネル

図 1.8　JFET の電源接続

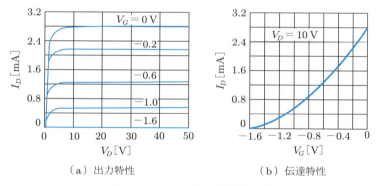

(a) 出力特性　　(b) 伝達特性

図 1.9　JFET における静特性の例

　つぎに，MOS 電界効果トランジスタは，JFET と同様，多数キャリアを直接制御するユニポーラ型であるが，構造は異なる．図 1.10 に，**MOS 電界効果トランジスタ** (metal-oxide-semiconductor FET，**MOS-FET**) の模式図を示す．ゲートが高い正電圧 V_G の場合，p 型基板の表面が反転して，n チャネルが形成され，伝導電子が自由に移動できる．V_D と I_D の一般的な関係を図 1.11 に示す．V_D が高くなると I_D が増加する範囲を線形領域という．V_D がさらに高くなると I_D は飽和する．この範囲はピンチオフ領域とよばれる．

　n チャネルの場合，I_D と V_G の一般的な関係を図 1.12 に示す．同図 (a) は，$V_G = 0$ のとき I_D が流れない場合で，**エンハンスメント型** (enhancement type) または E 型

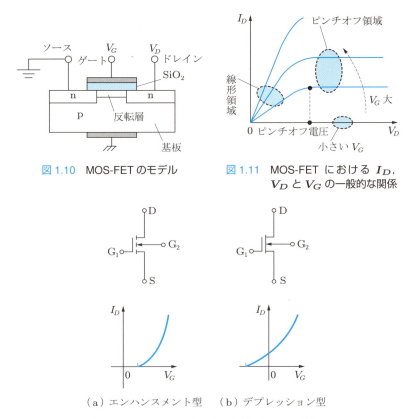

図 1.10　MOS-FET のモデル

図 1.11　MOS-FET における I_D, V_D と V_G の一般的な関係

（a）エンハンスメント型　（b）デプレッション型

図 1.12　MOS-FET（n チャネル）の記号と特性

FET という．同図（b）は，$V_G = 0$ のとき I_D が流れる FET であり，**デプレッション型**（depletion type）あるいは D 型とよぶ．同図には，E 型と D 型の FET（n チャネル）の記号をあわせて示す．また，p チャネル MOS-FET の回路記号を図 1.13 に示す．さらに，電源の与え方を図 1.14 と図 1.15 に示す．この場合，ゲート 2 は，零電位（両図の場合），適当な負電位（n チャネル）あるいは適当な正電位（**p チャネル**，p type channel）で使用する．n チャネル D 型 MOS-FET の静特性の例を，図 1.16（a），

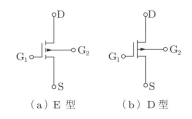

（a）E 型　　（b）D 型

図 1.13　p チャネル MOS-FET の記号

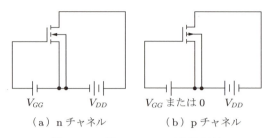

図 1.14　E 型 MOS-FET の電源接続

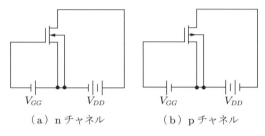

図 1.15　D 型 MOS-FET の電源接続

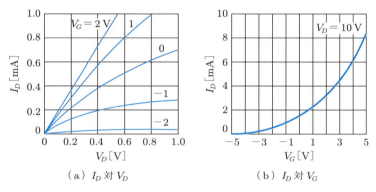

図 1.16　D 型 MOS-FET（n チャネル）の静特性の例

（b）に示す．

　JFET や MOS-FET の特性を表すのに，つぎの量が定義される．

$$g_m = \left(\frac{\partial I_D}{\partial V_G}\right)_{V_D=\text{一定}} \tag{1.1}$$

$$r_d = \left(\frac{\partial V_D}{\partial I_D}\right)_{V_G=\text{一定}} \tag{1.2}$$

$$\mu = -\left(\frac{\partial V_D}{\partial V_G}\right)_{I_D=\text{一定}} \tag{1.3}$$

とおき，g_m を **相互コンダクタンス** (mutual conductance)，r_d を **ドレイン抵抗** (drain resistance)，さらに μ を **増幅率** (amplification factor) とよぶ．これらを **FETの3定数** といい，つぎの関係

$$\mu = g_m r_d \tag{1.4}$$

が成立する．

1.2.3 バイポーラ・トランジスタ

npn 接合型の模式図を図 1.17 に示す．一般に，**エミッタ** (emitter) と **ベース** (base) 間の接合は順バイアス，ベースと **コレクタ** (collector) 間は逆バイアスである．pnp トランジスタも可能であり，電圧の加え方は図 1.18 となる．その特性は同じなので，主として npn 型について学ぶ．

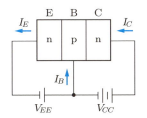
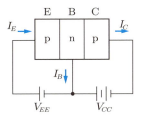

図 1.17　npn 接合型トランジスタのモデル　　図 1.18　pnp 接合型トランジスタのモデル

コレクタを流れるキャリアの大部分は，エミッタから入ってきた伝導電子である（図 1.17 参照）．また，エミッタからの伝導電子はベースの電位で制御される．この電位は，ベースに正孔を補給する電流によって変化する．このように，電子と正孔の二つのキャリアによって動作するから，**バイポーラ・トランジスタ** (bipolar transistor) とよばれる．

トランジスタの回路記号を，図 1.19 に示す．矢印は，エミッタに流れる電流の向きを示す．この記号を用い，電源もあわせて描くと，図 1.20（a），（b）となる．エミッタ電流 I_E，ベース電流 I_B とコレクタ電流 I_C の矢印は，電流の向きを与える．

トランジスタは3端子のデバイスであるから，端子のとり方によって，その特性が異

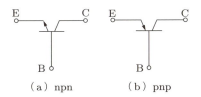

図 1.19　トランジスタの回路記号

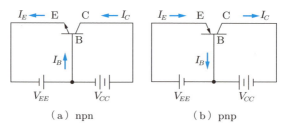

図 1.20 トランジスタ回路の電源

なってみえる．物理的に理解しやすい**ベース接地回路**（common base）と，実際によく使用される**エミッタ接地回路**（common emitter）を，それぞれ図 1.21（a）と（b）に示す．同図の電圧を示す記号の矢印は，その先端の部分が正電位を与える．

また図 1.22 に，エミッタ接地 npn トランジスタの静特性の例を示す．同図（a）は入力特性である．すなわち，V_{CE} が一定の場合，V_{BE} のわずかな増加に対して，I_B が急激に増す．また，同図（b）は出力特性であり，V_{CE} の変化に対して I_C はあまり変化しない．

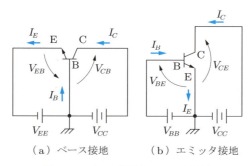

図 1.21 ベース接地とエミッタ接地

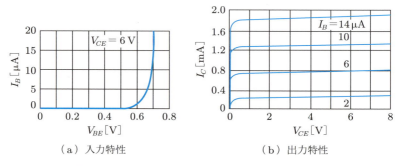

図 1.22 エミッタ接地 npn トランジスタの静特性の例

ベース接地トランジスタの直流電流増幅率を α_F，コレクタしゃ断電流（逆バイアスされるコレクタ・ベース接合の漏れ電流）を I_{C0} とすれば，

$$I_C = \alpha_F I_E + I_{C0} \tag{1.5}$$

である．また V_{CB} が一定の場合，I_E が微小変化すれば，I_C も変化するので，ベース接地の小信号電流増幅率 α は，

$$\alpha = \left(\frac{\partial I_C}{\partial I_E}\right)_{V_{CB}=\text{一定}} \tag{1.6}$$

となる．したがって，式 (1.5) の α_F を α に置き換えると，コレクタとエミッタの小信号電流に対して，式 (1.5) と同じ関係が成立する．すなわち，ベース接地回路で，入力電流と出力電流の関係が与えられる．

図 1.21 から I_C，I_E と I_B は

$$I_E = I_B + I_C \tag{1.7}$$

である．つぎに，I_E を式 (1.5) から求め，上式に代入して整理すると，

$$I_C = \frac{\alpha_F}{1-\alpha_F}I_B + \frac{1}{1-\alpha_F}I_{C0} \tag{1.8}$$

となる．式 (1.8) の I_B の係数を β_F とおき，これをエミッタ接地トランジスタの直流電流増幅率とよぶ．また V_{CE} が一定のとき，I_B が微小変化すると I_C も微小変化するから，

$$\beta = \left(\frac{\partial I_C}{\partial I_B}\right)_{V_{CE}=\text{一定}} \tag{1.9}$$

とおき，β をエミッタ接地トランジスタの小信号電流増幅率という．また，α と β との間には，式 (1.6) と式 (1.9) から，つぎの関係がある．

$$\beta = \frac{\alpha}{1-\alpha} \tag{1.10}$$

α と β の値は，それぞれ α_F と β_F にほぼ等しいが，厳密には多少異なる．

1.2.4 集積回路

個別的なデバイスを一つにまとめた**集積回路**（integrated circuit，IC）は，小型・軽量となり高速動作が可能，製造工程が減少して製品の信頼性が向上，さらに大量生産のため低価格であるなどの利点をもつ．

チップに含まれるデバイスなどの数によって分類すると表 1.2 となり，つぎのように説明される．1 個の Si **チップ**（Si chip）に含まれる部品の数が，2^6 個以下の集積度を SSI（Small-Scale Integration），2^{11} 個までが MSI（Medium-Scale Integration），2^{16} 個までが LSI（Large-Scale Integration），2^{16} 個より多いのが VLSI（Very-Large-Scale Integration）とよんでいる．また，2^{21} 個以上では ULSI（Ultra-Large-Scale

表 1.2　チップのデバイス数による IC の分類

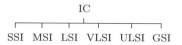

Integration）といい，2^{26} 個以上を **GSI**（Gigantic-Scale Integration）とよぶようになった．

また，機能で分類すると表 1.3 となる．**アナログ IC**（analog IC）はアナログ信号を処理する IC である．その例は**オペアンプ**（operational amplifier）であり，用途別の専用 IC であることが多い．**ディジタル IC**（digital IC）はディジタル信号を処理する IC であり，**ロジックデバイス**（logic device）と**メモリデバイス**（memory device）にわけられる．

表 1.3　機能による IC の分類

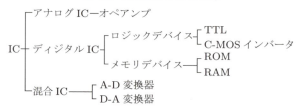

ロジックデバイスの模式図を，図 1.23 に示す．同図は，バイポーラ型の**トランジスタ・トランジスタ・ロジック**（transistor transistor logic, TTL）である．AND と NOT を組み合わせた例であり，NAND の機能をもつ．つぎに，図 1.24 に，**相補型 MOS インバータ**（complementary MOS inverter, **C-MOS インバータ**）の模式図を示す．入力端子に入力 1 あるいは 0 が与えられると，出力端子にそれぞれ 0 または 1 が現れる NOT 回路である．

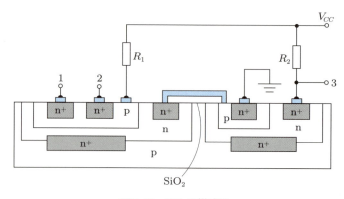

図 1.23　TTL の模式図

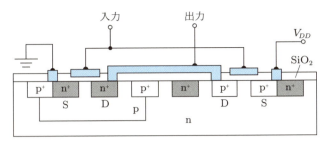

図 1.24　C-MOS の模式図

メモリデバイスには，バイポーラ・トランジスタを用いる高速用 IC メモリと，MOS-FET による大容量 IC メモリがある．また，メモリには，読み出し専用の **ROM**（read only memory）と，書き込み・読み出しが自由にできる **RAM**（random access memory）がある．

図 1.25 に，EEP-ROM における**セル**（cell）断面の 1 例を示す．**EEP** とは electrically erasable and programmable の略で，書き込まれた情報を数 V の電圧を与えて消去し，再び情報を書き込む ROM である．このセルは，メモリ用とそれを選択するセレクト用の二つの MOS-FET で構成される．

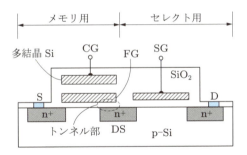

図 1.25　EEP-ROM の例

図 1.26 は，DRAM 用セルの模式的な例である．DRAM は，メモリされた情報を一定時間ごとに再び書き込む，つまり**リフレッシュ**（refresh）が必要な**ダイナミック RAM**（dynamic RAM，DRAM）のことである．同図のセルは，MOS-FET とコンデンサで構成されている．

アナログとディジタルの両信号を処理する場合，**混合 IC**（mixed-signal IC）という．これはアナログ信号をディジタル信号に変換する **A-D 変換器**（analog-digital converter）と，これと反対の動作をする **D-A 変換器**（digital-analog converter）である．

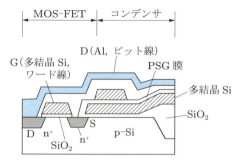

図 1.26　DRAM 用セルの例

1.3 電子デバイスの線形等価回路

1.3.1 電圧源と電流源

図 1.27（a）のように，交流電源を含む回路網（能動 2 端子網という）において，端子 1 と 2 を開放したとき端子間に現れる電圧，すなわち開放電圧を V_O，両端子から回路網側をみたインピーダンスつまり開放インピーダンスを Z_O とする．この場合，両端子からみた回路網の特性は，**鳳・テブナンの定理**（Ho–Thévenin's theorem）により，V_O と Z_O の直列回路と等価である．これは，**電圧源**（voltage source）あるいは定電圧源とよばれ，同図（b）に示す．方向は符号 + − で表される．

つぎに，図 1.27（a）の端子 1 と 2 を短絡したとき流れる電流，つまり短絡電流を I_S とすれば，これと等しい電流源と Z_O とを並列においた回路は，両端子からみた回路網の特性と等価である．これは，**ノートンの定理**（Norton's theorem）といい，その並列回路を同図（c）に示す．この等価回路は，**電流源**（current source）あるいは定電流源とよばれ，電流の方向は矢印で示される．

これらの定理は**双対**（dual）な関係にあるといい，回路網は一般に複数個の交流電源を含む任意の 2 端子網であり，**暗箱**（black box）ともよばれる．また Z_O は，回路

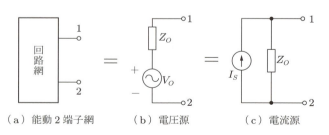

（a）能動 2 端子網　　（b）電圧源　　（c）電流源

図 1.27　電圧源と電流源

網内のすべての起電力を短絡したと仮定したときの内部インピーダンスでもある.

つぎに,図 1.28 のように,負荷 Z_L をつなぎ,電力を取り出す場合を考える.電圧源を用いた同図(b)の等価回路において,Z_L を流れる電流を I_L とすれば,

$$I_L = \frac{V_O}{Z_O + Z_L} \tag{1.11}$$

である.また,電流源を用いた同図(c)の場合,

$$I_L = I_S \frac{Z_O}{Z_O + Z_L} \tag{1.12}$$

となる.二つの等価な電源は,どちらを用いても同じ結果でなければならないから,式 (1.11) と式 (1.12) の I_L は等しい.したがって,

$$V_O = I_S Z_O \tag{1.13}$$

が成立する.この関係は,電圧源を電流源に描き換えるときに必要である.

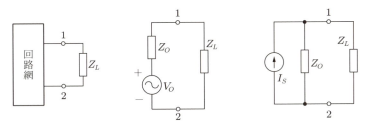

(a)回路網　　(b)電圧源を用いた回路　　(c)電流源を用いた回路

図 1.28　負荷をつないだ回路網

1.3.2　デバイスの基本接続

トランジスタのような 3 端子デバイスを,増幅などに用いる場合,どれか一つを共通端子として使用しなければならない.したがって,三つの基本接続が考えられる.電子回路における接地とは,通常,入出力の共通端子あるいは共通ラインをいう.また,後で学ぶ等価回路では,信号分のみを考えればよいから,直流電源は短絡し接地されているとする.

FET の接地方式を図 1.29 に示す.同図の(a),(b)と(c)は,それぞれソース接地,ゲート接地とドレイン接地である.また,バイポーラ・トランジスタの接地方式を図 1.30 に示す.エミッタ接地,ベース接地とコレクタ接地を,それぞれ同図の(a),(b)と(c)に示す.

ドレイン接地とコレクタ接地は,それぞれ**ソースホロワ**(source follower),**エミッタホロワ**(emitter follower)とよばれる.たとえば,コレクタ接地は,エミッタ電圧がベース電圧にしたがって変化する.そのため入力インピーダンスを高く,出力イン

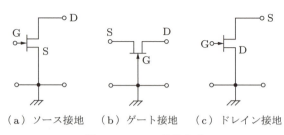

（a）ソース接地　（b）ゲート接地　（c）ドレイン接地

図 1.29　FET の接地方式

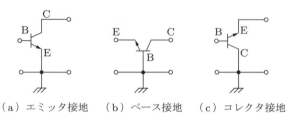

（a）エミッタ接地　（b）ベース接地　（c）コレクタ接地

図 1.30　トランジスタの接地方式

ピーダンスを低くできるので，インピーダンス変換器として利用できる．

1.3.3　FET の線形等価回路

デバイス内の電子の振る舞いを考えることなく，外部端子における電圧と電流の関係をとりあげ，これと同じ関係が成立する回路を考えたとき，これをデバイスの等価回路という．電圧と電流の振幅が小さい場合，デバイスの特性曲線は直線と考えてよいから，よく対応する等価回路が得られる．このような場合，**線形等価回路**（linear equivalent circuit）あるいは**小信号等価回路**（small-signal equivalent circuit）という．これを用いると，一般の回路と同じように扱うことができ，回路網理論で電子回路を解析できる．

3 端子の電子デバイスを回路に用いる場合，4 端子として使用する．したがって，4 端子パラメータを用いて等価回路を表示する．このようなパラメータは**回路パラメータ**（circuit parameter）とよばれる．

図 1.31 に示すソース接地 FET の回路で，ゲートに交流電圧 v_{gs} を加えた場合，各部の電圧・電流を直流分と変化分とにわけて考える．ゲート電圧 v_{GS}，ドレイン電圧 v_{DS} とドレイン電流 i_D の直流分を，それぞれ V_{GS}，V_{DS} と I_D とし，また変化分をそれぞれ v_{gs}，v_{ds} および i_d とおくと，

$$v_{GS} = V_{GS} + v_{gs} \tag{1.14}$$

$$v_{DS} = V_{DS} + v_{ds} \tag{1.15}$$

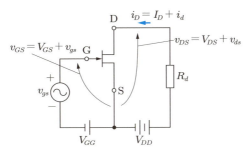

図 1.31　ソース接地 FET 回路

$$i_D = I_D + i_d \tag{1.16}$$

となる．i_D は v_{GS} と v_{DS} の関数であるから，

$$i_D = f(v_{GS}, v_{DS}) \tag{1.17}$$

と表せる．入力の信号電圧の振幅が小さくて，FET の特性が直線とみなされる場合，式 (1.17) を展開して 1 次の項までとると，

$$i_d = \left(\frac{\partial i_D}{\partial v_{GS}}\right)v_{gs} + \left(\frac{\partial i_D}{\partial v_{DS}}\right)v_{ds} \tag{1.18}$$

である．さらに，相互コンダクタンス g_m とドレイン抵抗 r_d を用いると，上式は，

$$i_d = g_m v_{gs} + \frac{v_{ds}}{r_d} \tag{1.19}$$

となる．

入力の信号電圧が正弦波の場合，i_d，v_{gs} と v_{ds} を複素数（**フェーザ**（phasor）ともいう）で表した I_d，V_{gs} および V_{ds} で示すと，式 (1.19) は，

$$I_d = g_m V_{gs} + \frac{V_{ds}}{r_d} \tag{1.20}$$

となり，さらに増幅率 μ を用いると，上式から，

$$V_{ds} = -\mu V_{gs} + r_d I_d \tag{1.21}$$

が得られる．

ソース接地 FET 回路の図 1.31 で求めた，式 (1.20) の電圧と電流の関係は，図 1.32（a）においても成立する．すなわち，図 1.31 の交流分については，図 1.32（a）の電流源で表した等価回路で表示できる．同様に，式 (1.21) を表す回路は，電圧源で表した図 1.32（b）となる．

このような等価回路は，他の接地方式においても，同じように求められる．図 1.33（a）と（b）および図 1.34（a）と（b）に，それぞれドレイン接地およびゲート接地 FET の場合を示す．

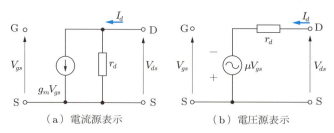

図 1.32　ソース接地 FET の線形等価回路（低周波の場合）

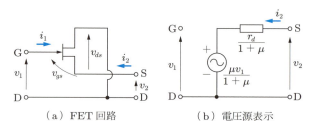

図 1.33　ドレイン接地 FET の線形等価回路（低周波の場合）

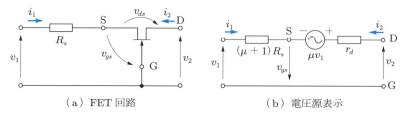

図 1.34　ゲート接地 FET の線形等価回路（低周波の場合）

1.3.4　バイポーラ・トランジスタの 4 端子等価回路

4 端子回路は，図 1.35 のように表示される．いま，V_1 と I_1 を，それぞれ入力端子の電圧と電流とし，V_2 と I_2 をそれぞれ出力端子の電圧と電流とする．電流は矢印の向きに流れ，電圧記号の先端にある矢印の部分が正電位を示すものとする．また，I_1 と V_2 を独立変数とし，V_1 と I_2 を従属変数とする．V_1，V_2，I_1 と I_2 の小信号変化を，それぞれ v_1，v_2，i_1 と i_2 で表すと，

図 1.35　4 端子回路

1.3 電子デバイスの線形等価回路

$$\left.\begin{array}{l} v_1 = h_{11}i_1 + h_{12}v_2 \\ i_2 = h_{21}i_1 + h_{22}v_2 \end{array}\right\} \tag{1.22}$$

となる．ここで回路は線形であるとした．右辺の **h パラメータ**（hybrid parameter）は，次式で与えられる．

$$\left.\begin{array}{ll} h_{11} = \left(\dfrac{v_1}{i_1}\right)_{v_2=0} [\Omega] & h_{12} = \left(\dfrac{v_1}{v_2}\right)_{i_1=0} \\ h_{21} = \left(\dfrac{i_2}{i_1}\right)_{v_2=0} & h_{22} = \left(\dfrac{i_2}{v_2}\right)_{i_1=0} [\mathrm{S}] \end{array}\right\} \tag{1.23}$$

これらの値は接地方式により異なり，電子デバイスを含む 4 端子回路では，$h_{12} \neq h_{21}$ である．式 (1.22) が成立する小信号等価回路を，図 1.36（a）と（b）に示す．

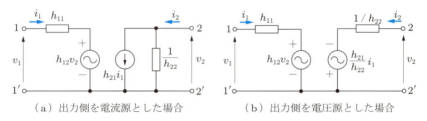

（a）出力側を電流源とした場合　　（b）出力側を電圧源とした場合

図 1.36　**h** パラメータによる 4 端子回路の等価回路

バイポーラ型では h_i, h_r, h_f と h_o の記号を用いることが多い．この場合，$h_i = h_{11}$, $h_r = h_{12}$, $h_f = h_{21}$ および $h_o = h_{22}$ である．さらに，これらの値は接地方式によって異なるから，ベース接地は b，エミッタ接地は e およびコレクタ接地は c と添字をさらに加えて，表 1.4 のように示す．

表 1.4　**h** パラメータの表示

	共通表示	ベース接地	エミッタ接地	コレクタ接地
h_{11}	h_i	h_{ib}	h_{ie}	h_{ic}
h_{12}	h_r	h_{rb}	h_{re}	h_{rc}
h_{21}	h_f	h_{fb}	h_{fe}	h_{fc}
h_{22}	h_o	h_{ob}	h_{oe}	h_{oc}

h パラメータの値は測定により得られる．とくに，ベース接地とエミッタ接地のトランジスタは，低い入力抵抗と高い出力抵抗をもつから，かなりの精度で h パラメータの値を測定できる．したがって，トランジスタの特性表示に h パラメータが広く使用される．

つぎに，図 1.37（a）に示すエミッタ接地の等価回路を考えよう．I_b と V_{ce} を独立変数とし，V_{be} と I_c を従属変数とすれば，

$$\left.\begin{array}{l} V_{be} = h_{ie}I_b + h_{re}V_{ce} \\ I_c = h_{fe}I_b + h_{oe}V_{ce} \end{array}\right\} \qquad (1.24)$$

が成立する．よって，出力側を電流源で表示した等価回路は，同図（b）となる．同様にして，ベース接地とコレクタ接地の等価回路を，それぞれ図 1.38 と図 1.39 に示す．

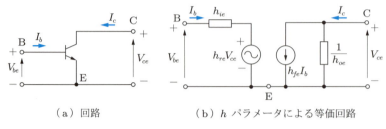

（a）回路　　　　　（b）h パラメータによる等価回路

図 1.37　エミッタ接地トランジスタの等価回路

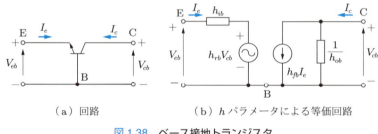

（a）回路　　　　　（b）h パラメータによる等価回路

図 1.38　ベース接地トランジスタ

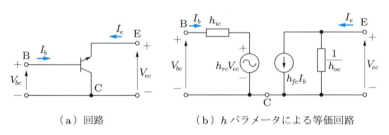

（a）回路　　　　　（b）h パラメータによる等価回路

図 1.39　コレクタ接地トランジスタ

1.3.5　デバイスの高周波等価回路

　使用周波数が高くなると，これまで学んだ低周波帯の等価回路では，デバイスの動作を表示できない．たとえば，FET の場合，高周波になると，ゲート・ドレイン間，ゲート・ソース間およびドレイン・ソース間に分布している容量 C_{gd}，C_{gs} と C_{ds} などが影響するためである．ソース接地の場合の，これらを考慮した近似的な高周波等価回路を図 1.40 に示す．

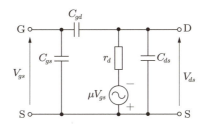

図 1.40　高周波におけるソース接地 FET の線形等価回路（電圧源表示）

バイポーラ型では，高周波における電子の振る舞いが複雑である．はじめに，ベース接地の小信号電流増幅率 α の周波数特性を調べよう．α_0 を低周波における値とおくと，α は近似的に

$$\alpha = \frac{\alpha_0}{1 + jf/f_\alpha} e^{-jmf/f_\alpha} \tag{1.25}$$

と表される．ここで，f は周波数，f_α は α の**しゃ断周波数**（cut-off frequency），および m は係数（0〜1 の範囲）である．したがって，$m = 0$ のとき，$|\alpha| = \alpha_0/\sqrt{2}$ となる周波数が f_α であり，位相差は $\pi/4$ となる．$m \neq 0$ の場合，f_α における位相差は $\pi/4$ 以上になる．

また，エミッタ接地の小信号電流増幅率 β の周波数特性（$m = 0$ の場合）は，

$$\beta = \frac{\alpha}{1 - \alpha} = \frac{\beta_0}{1 + jf/f_\beta} \tag{1.26}$$

で与えられる．ここで，β_0 は低周波における値，f_β は $|\beta| = \beta_0/\sqrt{2}$ となる β のしゃ断周波数であり，

$$\beta_0 = \frac{\alpha_0}{1 - \alpha_0} \tag{1.27}$$

$$f_\beta = f_\alpha(1 - \alpha_0) \tag{1.28}$$

である．したがって，エミッタ接地の場合，電流増幅率は大きくなるが，しゃ断周波数が低くなる．

また，エミッタ接地の高周波特性を表すのに，**トランジション周波数**（transition frequency）f_T がよく用いられる．これは，$|\beta| = 1$ となる周波数と定義され，$m = 0$ の場合，式 (1.26) から，

$$f_T \fallingdotseq \beta_0 f_\beta \fallingdotseq f_\alpha \tag{1.29}$$

となる（演習問題 1.6 参照）．電流増幅率と周波数の関係例を，図 1.41 に示す．

エミッタ接地の高周波における実用的な等価回路を，図 1.42 に示す．この回路の周波数特性は，回路の抵抗と容量で決められる．また，$V_{b'e}$ に対する相互コンダクタンス α_0/r_e は周波数に関係しない．ここで，r_b はベース抵抗（数百 Ω），r_e はエミッタ

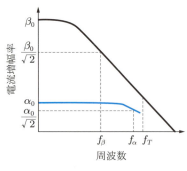

図 1.41　電流増幅率と周波数の関係

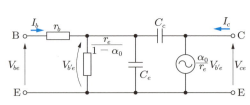

図 1.42　エミッタ接地の高周波等価回路

抵抗（数十 Ω）である．また，r_c はコレクタ抵抗であるが，$r_c \gg 1/(2\pi f C_c)$ として省いた（C_c はベース・コレクタ間の全容量）．

1.4　雑音

雑音は，電気的な**ゆらぎ**（fluctuation）現象であり，不規則に変化する電流 i_n または電圧 v_n で現れる．これらの 1 次平均値は $\overline{i_n}=0$，$\overline{v_n}=0$ である．雑音の大きさは，i_n または v_n の 2 乗平均値 $\overline{i_n^2}$ あるいは $\overline{v_n^2}$ で示す．ここでは，電子回路に現れる**熱雑音**（thermal noise），**ショット雑音**（shot noise）および **1/f 雑音**（1/f noise）を学ぶ．

導体は電流が流れなくても，その両端子間に雑音が発生する．これは導体内の電子の熱運動によるもので，熱雑音という．閉じていない導体が，一様な温度 T に保たれていると，その両端に発生する雑音電圧の 2 乗平均値 $\overline{v^2}$ は，

$$\overline{v^2} = 4kTRB \tag{1.30}$$

で与えられる．ここで，R は導体の抵抗，B は周波数帯域，$k=1.38\times 10^{-23}$ J/K は**ボルツマン定数**（Boltzmann's constant）である．回路には，導体または抵抗体が接続されているので，この雑音を考慮することが必要である．

このような開路雑音電圧のかわりに，抵抗を短絡したときの雑音電流でも，熱雑音を表示できる．すなわち，2 乗平均雑音電流 $\overline{i_n^2}$ は，

$$\overline{i^2} = \frac{\overline{v^2}}{R^2} = \frac{4kTB}{R} \tag{1.31}$$

となる．したがって，抵抗 R の熱雑音による雑音電力は，上式から $\overline{i^2}R=4kTB$ であり，抵抗の値 R に無関係となる．

抵抗の熱雑音を示す等価回路を図 1.43（a）と（b）に示す．雑音を含まない抵抗 R

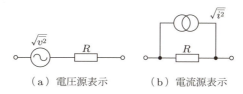

図 1.43　抵抗の熱雑音を示す等価回路

と等価電圧源 $\sqrt{\overline{v^2}}$ の直列，または等価電流源 $\sqrt{\overline{i^2}}$ と R の並列で表現される．

つぎに，図 1.43（a）の電圧源に負荷抵抗 R_l を接続し，負荷に供給される雑音電力 N の最大値 N_A を求めると，

$$N_A = \frac{\overline{v^2}}{4R} = kTB \tag{1.32}$$

である（演習問題 1.7 参照）．この N_A は**有能雑音電力**（available noise power）とよばれ，T と B で決められる．図 1.43（b）の電流源表示を用いても，N_A は同じように求められ，

$$N_A = \frac{\overline{i^2}R}{4} = kTB \tag{1.33}$$

となる．ここで，有能電力とは，一般に内部インピーダンスをもつ電源から，取り出せる最大電力をいう．

回路内のキャリアによる雑音を調べよう．キャリアは有限な個数の荷電子であるから，粒子が運ぶ電流には，不規則なゆらぎが存在する．このため，電流値が一定ではなく，ゆらぎに応じた雑音をともなう．これはショット雑音とよばれる．この雑音電流の 2 乗平均値 $\overline{i^2}$ は，

$$\overline{i^2} = 2eIB \tag{1.34}$$

で与えられる．ここで，I は電流，B は周波数帯域，また $e = 1.602 \times 10^{-19}$ C は電子の電荷の絶対値である．ショット雑音は，ダイオードやトランジスタなどで観測される．

また，大きさが周波数 f に逆比例するような雑音も観測される．これは，電子の放出面の活性度が部分的に変化し，電子の流れにゆらぎが発生する現象である．これは，$1/f$ 雑音とよばれる．

FET の雑音は，バイポーラ型に比べてかなり低い．前述したソース接地の高周波用等価回路の図 1.40 に，雑音源を含めると図 1.44 となる．同図の $\overline{i_g^2}$ は，ゲートに結合するチャネルの 2 乗平均雑音電流（熱雑音・ショット雑音・$1/f$ 雑音などによる）である．また，同図の $\overline{i_d^2}$ は主としてチャネルの熱雑音による電流である．

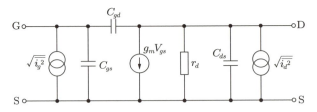

図 1.44 雑音源を含むソース接地 FET の等価回路（高周波の場合）

例題 1.1 ベース接地トランジスタで，コレクタ電圧を一定に保ち，エミッタ電流に $1\,\mathrm{mA}$ の変化を与えたところ，コレクタ電流が $0.98\,\mathrm{mA}$ の変化を示した．このトランジスタの α と β はいくらか．

解答

式 (1.6) を用いて，
$$\alpha = \frac{0.98}{1} = 0.98$$
となる．この値を式 (1.10) に代入して，次式のようになる．
$$\beta = \frac{0.98}{1-0.98} = 49$$

例題 1.2 JFET の伝達特性を示す図 1.9（b）において，$I_D = 1\,\mathrm{mA}$ 付近での g_m はいくらか．

解答

同図の $V_G I_D$ 曲線において，$I_D = 1\,\mathrm{mA}$ の点で接線を描き，V_G の増加分 $0.5\,\mathrm{V}$ に対する I_D の増加分 $1\,\mathrm{mA}$ を用いると，式 (1.1) から次式のようになる．
$$g_m = \frac{1 \times 10^{-3}}{0.5} = 2\,\mathrm{mS}$$

演習問題

1.1 図 1.27（c）で $Z_O = 500\,\Omega$，$I_S = 20\,\mathrm{mA}$ の場合，電圧源を求めよ．

1.2 図 1.21（b）で CE 間に抵抗 $R_C = 2\,\mathrm{k\Omega}$ が入っている．$\alpha_F = 0.99$，$I_{C0} = 10\,\mathrm{pA}$，$I_B = 30\,\mu\mathrm{A}$ および $V_{CC} = 10\,\mathrm{V}$ の場合，I_C，I_E と V_{CE} はいくらか．

1.3 ドレイン接地 FET（図 1.33）の電流源で示した等価回路を導け．

1.4 h パラメータによる 4 端子回路の等価回路において，出力側を電圧源とした図 1.36（b）を導け．

1.5 図 1.37（a）に示したエミッタ接地トランジスタの T 形等価回路は，問図 1.1 となる．これから，h パラメータの h_{ie} と h_{oe} を求めよ．ここで r_c はコレクタ抵抗，r_e はエミッタ抵抗であり，$(1-\alpha)r_c \gg r_e$ とする．

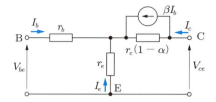

問図 1.1　エミッタ接地 T 形等価回路（I_b による電流源表示）

1.6　式 (1.29) を導け．
1.7　式 (1.32) を求めよ．
1.8　直流電流 3 mA のショット雑音電流を求めよ．ただし，周波数帯域は 10 kHz とする．

増幅回路の基礎

2.1 増幅回路

　弱い信号を強い信号に変える作用を増幅とよび，それに用いる電子回路を増幅回路という．回路は，電子デバイスと回路素子で構成され，直流電源を必要とする．したがって，直流電源からの電力を，弱い入力信号によって制御し，強い出力信号に変換する回路と考えられる．

　増幅回路の特性は，**電圧利得**（voltage gain），**電流利得**（current gain），**電力利得**（power gain），**入力インピーダンス**（input impedance），および**出力インピーダンス**（output impedance）で表され，これらを増幅器の**動作量**（operate value）とよぶ．

　利得は，出力信号と入力信号の比で定義され，増幅度ともよばれる．いま，出力信号の電力・電圧・電流を P_o，V_o，I_o とおき，入力信号のそれらを，それぞれ P_i，V_i，I_i とすれば，電圧利得 A_v，電流利得 A_i および電力利得 A_p は

$$A_v = \frac{V_o}{V_i} \tag{2.1}$$

$$A_i = \frac{I_o}{I_i} \tag{2.2}$$

$$A_p = \frac{P_o}{P_i} \tag{2.3}$$

となる．一般に，入力信号と出力信号との間に位相差があるので，A_v と A_i は複素数となる．また，増幅器の入力および出力端子がそれぞれ整合されている場合，その電力利得は，**有能電力利得**（available power gain）という．増幅器の入力と出力インピーダンスをそれぞれ R_i および R_o とおき，負荷抵抗を R_l とすれば，次式が得られる．

$$A_p = \frac{P_o}{P_i} = A_v{}^2 \frac{R_i}{R_l} = A_i{}^2 \frac{R_l}{R_i} = |A_i A_v| \tag{2.4}$$

　利得をデシベル（dB）で表すと，電圧利得 G_v，電流利得 G_i と電力利得 G_p は，

$$G_v = 20 \log A_v \ [\text{dB}] \tag{2.5}$$

$$G_i = 20 \log A_i \ [\text{dB}] \tag{2.6}$$

$$G_p = 10 \log A_p \ [\text{dB}] \tag{2.7}$$

となる．これらの関係に，式 (2.4) を用いると，

$$G_p = 20\log A_v + 10\log \frac{R_l}{R_i} = 20\log A_i + 10\log \frac{R_l}{R_i} \tag{2.8}$$

である．$R_l = R_i$ の場合，$G_p = G_v = G_i$ となり，dB で表示したそれぞれの利得は等しくなる．一般には，$R_l \neq R_i$ であるから，それぞれの利得は異なる．しかし，R_l と R_i の大きさに関係なく，便宜的に電圧利得 $20\log A_v$ [dB] と電流利得 $20\log A_i$ [dB] がよく用いられる．

n 個の増幅器が縦続接続された場合，その全利得 A は，各段の利得を A_n とすれば $(n = 1, 2, \dots)$，

$$A = A_1 \cdot A_2 \cdot \dots \cdot A_n \tag{2.9}$$

であり，dB で示すと

$$G = G_1 + G_2 + \dots + G_n \tag{2.10}$$

となる．

2.2 バイアス

電子デバイスを動作させるには，その特性曲線の適当な位置に，動作点を決める必要がある．動作点を与える電圧あるいは電流を，**バイアス電圧**（bias voltage）または**バイアス電流**（bias current）という．

2.2.1 FET 回路のバイアス

接合 FET（JFET）は，ゲート・バイアス用の電源 V_{GG} とドレイン用の電源 V_{DD} が必要である（図 1.8 参照）．しかし，電源を一つにすることが望ましく，図 2.1 のような回路が用いられる．同図の V_{gs} は入力信号を示す．はじめに，R_{g1} が無限大の場合を考えよう．ソースに接続した抵抗 R_s に，ドレイン電流 I_D が矢印の方向に流れる．したがって，R_s の両端には図のような極性の電圧降下が発生する．その結果，ソース

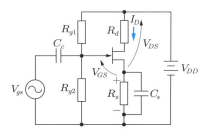

図 2.1　接合 FET の回路（一つの電源で，$\boldsymbol{R_s}$ が大きい場合）

に対するゲート電圧は $-I_D R_s$ となり，この値がソース・ゲート間のバイアス電圧 V_{GS} に等しければよい．すなわち，

$$V_{GS} = -I_D R_s \tag{2.11}$$

である．このようなバイアスを**自己バイアス**（self bias）という．

JFET の動作を安定にするため，R_s の値を大きくすることがある．しかし，R_{g1} が無限大では，バイアス電圧が大きすぎるので，図のように R_{g1} が接続されている場合を考える．同図において，R_{g2} の両端の直流電圧 V_G は，

$$V_G = \frac{R_{g2}}{R_{g1} + R_{g2}} V_{DD}$$

であるから，ゲートのバイアス電圧 V_{GS} は，

$$V_{GS} = -I_D R_s + V_G \tag{2.12}$$

となる．大きい R_s の値で電圧降下が増加しても，V_G（> 0）によって，必要なバイアス電圧を決めることができる．

R_s は交流信号に対しても電圧降下を発生するから，これを防ぐため，静電容量 C_s を R_s に並列接続し，信号に対するインピーダンスをきわめて低くして，交流の電圧降下が発生しないようにする．この C_s は**バイパスコンデンサ**（bypass capacitor）とよばれる．また，入力信号は，一般に直流分と交流分を含むから，ゲートに直接加えるとバイアスが変化する．これを防ぐため，**結合コンデンサ**（coupling capacitor）とよばれる C_c を通して，入力信号をゲートに与える．

また，図 2.1 の JFET 用 1 電源バイアス回路は，D 型 MOS-FET にも使用できる．

2.2.2 バイポーラ・トランジスタ回路のバイアス

このトランジスタは電流制御のデバイスであるから，適当なバイアス電流によって動作点を定める．また，温度が変化しても，動作点が移動しないバイアス回路が望ましい．

エミッタに抵抗 R_E を用いた，電流帰還バイアス回路の例を図 2.2 に示す．入力側は，抵抗 R_1 と R_2 を接続し，ベース電流 I_B よりかなり大きい電流を流す．したがって，ベースの電位 V_B はほぼ一定となる．I_C の変化は，R_E により入力側に帰還される．

いま，温度上昇のため I_C が増加すると，エミッタ電流 I_E も増し，R_E による電圧降下が大きくなり，エミッタ電位 V_E が高くなる．V_B が一定なので，ベース・エミッタ間の電圧 V_{BE} が小さくなり，I_B が減少して I_C の増加を抑え，回路は安定化される．また，このような電流帰還は，信号電流にも作用して利得を低下させるので，同図のように，バイパスコンデンサ C_E を用いて防いでいる．

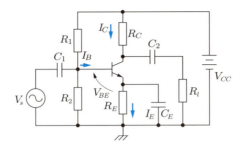

図 2.2　電流帰還バイアス回路

コレクタ電流の変化分 ΔI_C は，
$$\Delta I_C = S_1 \Delta I_{C0} + S_2 \Delta V_{BE} + S_3 \Delta \beta \tag{2.13}$$
で与えられる．ここで，**安定係数**（stability factor）S_1, S_2 と S_3 は，

$$S_1 = \frac{\partial I_C}{\partial I_{C0}} \tag{2.14}$$

$$S_2 = \frac{\partial I_C}{\partial V_{BE}} \ [\text{A/V}] \tag{2.15}$$

$$S_3 = \frac{\partial I_C}{\partial \beta} \ [\text{A}] \tag{2.16}$$

のように表示される．ここで，I_{C0} はコレクタしゃ断電流（1.2 節参照），S_1 は I_{C0} に対する安定係数，S_2 は V_{BE} に対する安定係数，および S_3 は β に対する安定係数である．これらの係数の値が小さいほど，安定となるので，そのように回路定数を決めなければならない．

図 2.2 において，I_{C0} を省略できる場合，I_C を求めると，

$$I_C = \frac{\dfrac{R_2}{R_1 + R_2} V_{CC} - V_{BE}}{\dfrac{R_1 R_2}{(R_1 + R_2)\beta} + R_E} \tag{2.17}$$

となる（演習問題 2.1 参照）．さらに，式 (2.15) を用いて S_2 を求めると，

$$S_2 = \frac{-1}{\dfrac{R_1 R_2}{(R_1 + R_2)\beta} + R_E} \tag{2.18}$$

である．したがって，S_2 を小さくするには，R_1, R_2 と R_E をなるべく大きい値とし，β は小さいほどよい．

2.3 動作量

2.3.1 JFET 増幅回路の動作量

nチャネル JFET のソース接地増幅回路を，図 2.3（a）に示す．その等価回路の同図（b）において，出力のドレイン電流 I_d は，

$$I_d = \frac{\mu V_g}{r_d + R_l} \tag{2.19}$$

であるから，出力のドレイン電圧 V_d は，

$$V_d = -I_d R_l = -\frac{\mu R_l V_g}{r_d + R_l} \tag{2.20}$$

となる．したがって，電圧利得 A_v は，

$$A_v = \frac{V_d}{V_g} = -\frac{\mu R_l}{r_d + R_l} \tag{2.21}$$

で与えられる．さらに，式 (1.4) を用いると，

$$A_v = -g_m \frac{r_d R_l}{r_d + R_l} \tag{2.22}$$

となり，$r_d \gg R_l$ の場合，上式は，

$$A_v \fallingdotseq -g_m R_l \tag{2.23}$$

と近似できる．これらの結果は，A_v が負となり，出力電圧が入力電圧と逆相の関係にあることを示す．また，入力電流が流れないから，入力インピーダンスは無限大となり，出力インピーダンスは r_d である．

つぎに，ゲート接地増幅回路を図 2.4（a）に，その等価回路を同図（b）に示す．A_v を計算すると，

$$A_v = \frac{V_d}{V_g} = \frac{(\mu+1)R_l}{r_d + (\mu+1)R_s + R_l} \tag{2.24}$$

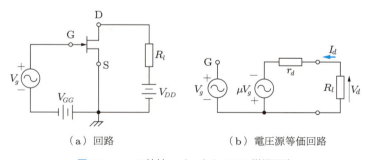

（a）回路　　　　　　　　（b）電圧源等価回路

図 2.3　ソース接地 n チャネル JFET 増幅回路

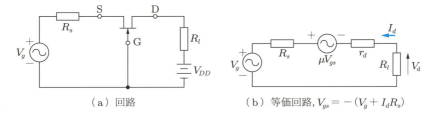

(a) 回路　　　　　　　　(b) 等価回路, $V_{gs} = -(V_g + I_d R_s)$

図 2.4　ゲート接地 n チャネル JFET 増幅回路

となり，入力のゲート電圧 V_g と出力のドレイン電圧 V_d は同相である．また，入力インピーダンス Z_i は，信号源の内部抵抗 R_s を差し引くと，

$$Z_i = \frac{r_d + R_l}{\mu + 1} \tag{2.25}$$

となり，きわめて小さい（演習問題 2.2 参照）．

また，ドレイン接地増幅回路を図 2.5 に示す．この場合の A_v を求めると，

$$A_v = \frac{V_d}{V_g} = \frac{\mu R_l}{r_d + (\mu + 1) R_l} \tag{2.26}$$

であり，V_g と V_d は同相である．また，$A_v < 1$ であるが，μ の値がきわめて大きくなると，A_v は 1 にほぼ等しい（演習問題 2.3 参照）．

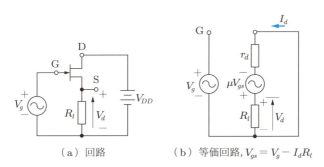

(a) 回路　　　　　　　　(b) 等価回路, $V_{gs} = V_g - I_d R_l$

図 2.5　ドレイン接地 n チャネル JFET 増幅回路

2.3.2　バイポーラ・トランジスタ増幅回路の動作量

エミッタ接地バイポーラ・トランジスタ回路を図 2.6 (a) に示す．つぎに，共通表示の h パラメータ（表 1.4 参照）を用いると，その等価回路は同図 (b) となる．なお，この等価回路は，ベース接地およびコレクタ接地の増幅回路の等価回路と共通である．ここで，電圧・電流の表示と接地方式との関係を，表 2.1 に示す．

バイポーラ型は，電流制御のデバイスであるから，入力端子に電流が流れる．した

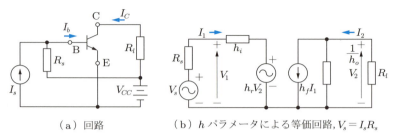

(a) 回路　　　(b) h パラメータによる等価回路，$V_s = I_s R_s$

図 2.6　エミッタ接地増幅回路

表 2.1　接地方式と電圧・電流の表示

共通表示	ベース接地	エミッタ接地	コレクタ接地
V_1	V_{eb}	V_{be}	V_{bc}
V_2	V_{cb}	V_{ce}	V_{ec}
I_1	I_e	I_b	I_b
I_2	I_c	I_c	I_e

がって，信号源の内部抵抗 R_s を考える必要がある．この場合，2 種類の電流利得 A_i と K_i が用いられる．回路の入力電流，トランジスタの入力電流および回路の出力電流をそれぞれ I_1，I_s と I_2 とすれば，

$$A_i = \frac{I_2}{I_1} \tag{2.27}$$

$$K_i = \frac{I_2}{I_s} \tag{2.28}$$

で定義される．$V_s = I_s R_s$ に留意し，これらを計算しよう．図 2.6（b）において，次式が成立する．

$$\left. \begin{array}{l} I_s R_s = (R_s + h_i) I_1 + h_r V_2 \\ 0 = h_f I_1 + \left(h_o + \dfrac{1}{R_l} \right) V_2 \end{array} \right\} \tag{2.29}$$

上式を V_2 について解き，$V_2 = -I_2 R_l$ を用いると，K_i は，

$$K_i = \frac{h_f R_s}{(h_i + R_s)(1 + h_o R_l) - h_f h_r R_l} \tag{2.30}$$

となる．したがって，上式で R_s を ∞ にすると，

$$A_i = \frac{h_f}{1 + h_o R_l} \tag{2.31}$$

が得られる．すなわち，K_i は増幅用に構成された回路の電流利得であり，A_i は縦続接続された増幅回路における電流利得の計算に用いられる．

つぎに, 電圧利得 A_v は,

$$A_v = \frac{V_2}{V_1} \tag{2.32}$$

であるから, 式 (2.29) より V_2 を求め, $V_s = I_s R_s$ を用いると,

$$A_v = \frac{-h_f R_l}{h_i(1 + h_o R_l) - h_f h_r R_l} \tag{2.33}$$

となる. A_v は R_l が無限大になると最大となり, その値は次式となる.

$$(A_v)_{\max} = \frac{-h_f}{h_i h_o - h_f h_r} \tag{2.34}$$

電力利得は K_p と A_p が使用される. R_l に発生する電力, 信号電流 I_s で供給される電力およびトランジスタに入る電力は, それぞれ $|V_2||I_2|$, $|V_1||I_s|$ および $|V_1||I_1|$ であるから,

$$K_p = \frac{|V_2||I_2|}{|V_1||I_s|} = |A_v||K_i| \tag{2.35}$$

$$A_p = \frac{|V_2||I_2|}{|V_1||I_1|} = |A_v||A_i| \tag{2.36}$$

で定義される. 式 (2.30), (2.31) と式 (2.32) を用いると,

$$K_p = \frac{h_f{}^2 R_s R_l}{\{h_i(1 + h_o R_l) - (h_f h_r R_l)\}\{(h_i + R_s)(1 + h_o R_l) - h_f h_r R_l\}} \tag{2.37}$$

$$A_p = \frac{h_f{}^2 R_l}{\{h_i(1 + h_o R_l) - h_f h_r R_l\}(1 + h_o R_l)} \tag{2.38}$$

が得られる.

また, 入力抵抗 R_i は,

$$R_i = \frac{V_1}{I_1} \tag{2.39}$$

で与えられ, 出力抵抗 R_o は, $V_s = 0$ のとき,

$$R_o = \frac{V_2}{I_2} \tag{2.40}$$

である. これらを計算するために, 図 2.6(b)において,

$$\left.\begin{array}{l} V_1 = h_i I_1 + h_r V_2 \\ I_2 = h_f I_1 + h_o V_2 \end{array}\right\} \tag{2.41}$$

とおく. これらの式と $V_2 = -I_2 R_l$ の関係を用いると,

$$R_i = \frac{h_i + (h_i h_o - h_r h_f)R_l}{1 + h_o R_l} \tag{2.42}$$

となる．また，$V_1 = -R_s I_1$ の関係を用いると，次式が得られる．

$$R_o = \frac{h_i + R_s}{h_o(h_i + R_s) - h_f h_r} \tag{2.43}$$

2.4 図式解析法

2.4.1 動作点と負荷線

　電子デバイスの等価回路を用いて，電子回路を解析する方法をすでに述べたが，電子デバイスの特性曲線を用い，図式的に電子回路を解析する方法もよく使用される．この作図による方法は，取り扱いが難しく，振幅が小さいときは正確な解を求められない．また，リアクタンスを含む負荷の場合，作図が複雑となる．しかし，図式解析法は，電子回路の動作を理解しやすく，大振幅動作を用いる電力増幅器の解析に利用される．

　いま，特性が $v = f(i)$ で表される電子デバイスが，負荷抵抗 R に接続されている場合を考えよう（図 2.7 参照）．v と i は，それぞれ電圧と電流であり，V は電源の電圧である．したがって，

$$iR + f(i) = V \tag{2.44}$$

が成立する．一般に $f(i)$ は，i の複雑な関数であるから，上式を解くことが困難である．それゆえ式 (2.44) を，

$$v = f(i) \tag{2.45}$$
$$v = V - iR \tag{2.46}$$

にわけて，それぞれを vi 面（図 2.8 参照）に描き，その交点 P を求めると，その座標 V_0 と I_0 が式 (2.44) の解となる．この点 P を **動作点**（operating point）という．式 (2.45)

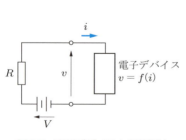

図 2.7　電子デバイスと負荷抵抗

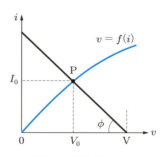

図 2.8　動作点の決定

は電子デバイスの特性曲線であるから，測定によって求められる．また，式 (2.46) は，v 軸上の点 V を通り，v 軸と角度 ϕ をなす直線で表され，ϕ は，

$$\phi = \cot^{-1} R \tag{2.47}$$

で与えられる．この直線は負荷の特性を示し，負荷線とよばれる．一般に負荷線は，直流と交流の場合で異なり，またリアクタンスが負荷に含まれると曲線状の負荷線となる．

2.4.2 FET 回路の場合

n チャネル JFET のソース接地増幅回路を図 2.9 に示す．信号電圧 v_{gs} をゲート側に加え，ドレイン側から出力を取り出す．はじめに，信号電圧がない直流の場合のみを考える．ドレイン電流 i_D は，一般にゲート電圧 v_G とドレイン電圧 v_D の関数であるから，

$$i_D = f(v_G, v_D) \tag{2.48}$$

で与えられる．v_G のいくつかの値に対して，JFET の $v_D i_D$ 特性曲線は，図 2.10 の

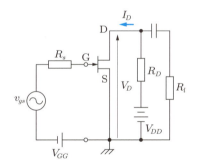

図 2.9 n チャネル JFET のソース接地増幅回路

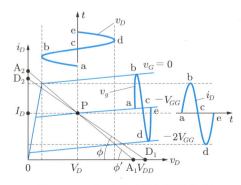

図 2.10 n チャネル JFET の増幅作用

ようになる．また，ドレイン回路において，
$$v_D = V_{DD} - i_D R_D \tag{2.49}$$
が成立する．したがって，式 (2.49) を $v_D i_D$ 面に描くと，図 2.10 の直線 $D_1 D_2$ となる．ここで，点 D_1 は v_D 軸で V_{DD} を与える位置であり，直線 $D_1 D_2$ は v_D 軸と角度 $\phi = \cot^{-1} R_D$ をもつ．すなわち，直線 $D_1 D_2$ は直流負荷線であり，特性曲線との交点 P が動作点となる．つぎに，信号電圧に対しては，R_D と R_l が並列に入るので，点 P を通り v_D 軸と，
$$\phi' = \cot^{-1} \frac{R_D R_l}{R_D + R_l} \tag{2.50}$$
の角度をもつ直線 $A_1 A_2$ が交流負荷線となり，信号出力が得られる．図 2.10 には，ゲートに与えられる信号電圧に対して，現れるドレイン電圧とドレイン電流の波形も示している．すなわち，v_G の増減と i_D の増減は一致して同相であるが，i_D の増減と v_D の増減は反対であり逆位相（位相差 180°）である．

これまで JFET について説明したが，MOS-FET の特性曲線も，JFET のそれと同じ傾向にあるので（図 1.9 と図 1.16 参照），同じように解析できる．

2.4.3 バイポーラ・トランジスタ回路の場合

npn トランジスタのエミッタ接地増幅回路において（図 2.11 参照），信号電圧 v_s がない直流の場合について考察する．ベース電流 i_B をパラメータとした $v_C i_C$ 特性曲線のいくつかを，図 2.12 に示す．コレクタ電圧 v_C は，
$$v_C = V_{CC} - i_C R_C \tag{2.51}$$
であるから，直流負荷線 $D_1 D_2$ は同図のようになる．ここで，点 D_1 は V_{CC} を与え，直線は v_C 軸と角度 $\phi = \cot^{-1} R_C$ をなす．ベース電流が I_B の場合，i_C は特性曲線 $C_1 C_2$ 上にあるから，$A_1 A_2$ との交点 P が動作点となる．つぎに，交流負荷抵抗は $R_C R_l / (R_C + R_l)$ であるから，交流負荷線は点 P を通る直線 $A_1 A_2$ となる．図 2.12

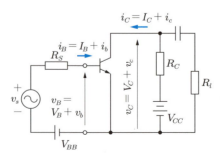

図 2.11　エミッタ接地 npn トランジスタ増幅回路

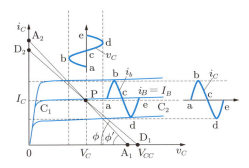

図 2.12　トランジスタの増幅作用

に，ベース電流の変化に対応して，i_C と v_C の波形を示す．

つぎに，ベース側の特性を考えよう．コレクタ電圧 v_C が一定の場合，$v_B i_B$ 特性曲線は，図 2.13 のように，直線 $B_1 B_2$ で近似できる．ベース電圧 v_B の直流分は，

$$v_B = V_{BB} - i_B R_S \tag{2.52}$$

であり，直流負荷線は同図の $D_1 D_2$ となり，直線 $B_1 B_2$ との交点 P が動作点となる．それゆえベース電流 i_B が流れ，図 2.12 の負荷直線 $A_1 A_2$ に応じて，コレクタ電流 i_C が流れる．また，図 2.13 には，v_B と i_B の波形を示す．

すなわち，ベース側に信号電圧 v_s が与えられると，ベース電圧に信号成分が現れ，したがってベース電流にも信号成分が加わる．また，ベース電流の変化に対応して，ほぼ β 倍のコレクタ電流 i_C が流れ，負荷抵抗に $v_C = -i_C R_l$ の電圧降下ができる．すなわち，i_C と v_C は増幅された出力電流と電圧である．i_B と i_C の正方向を図 2.11 のようにとると，i_B の増減と i_C の増減は一致しており，つまり同相である．また v_C の増減と v_B の増減は反対，つまり逆位相である．このように，エミッタ接地増幅回路は逆相の増幅器である．

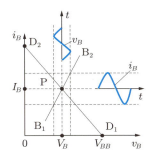

図 2.13　トランジスタの入力側における特性

2.5 ひずみ

　増幅器の目的は，入力信号の波形を変えずに忠実に増幅することである．しかし，実際の出力信号は入力波形と異なり，ひずみが発生する．このひずみは，直線ひずみと非直線ひずみにわけられる．

　直線ひずみは，増幅器の利得が入力信号の周波数帯域にわたり一様でない場合，出力信号の振幅にひずみができる．これを振幅ひずみという．また，位相角が周波数に比例しないとき，位相にひずみが発生する．これは，位相ひずみあるいは遅延ひずみとよばれる．

　非直線ひずみは，電子デバイスの非直線特性により発生する．すなわち，入力信号が小振幅の場合，デバイスの特性曲線の小さい部分は直線とみなせるので，出力信号はひずまない．しかし，入力信号が大振幅になると，特性が直線とみなせないので出力信号がひずみ，高周波が発生する．

2.6 デシベル

　利得の計算（2.1 節参照）や雑音の表示（次節参照）で，デシベルが用いられる．この単位は電子回路でよく用いられるので，ここにまとめておく．

　増幅器の利得は，数値的にかなり大きい値をもつから，便宜的にその常用対数をとり，**ベル**（bel）とよぶ．しかし，数値が少し小さくなりすぎるので，その 1/10 の単位である**デシベル**（decibel, **dB**）を用いる．したがって，前述のように電力利得が A_p のとき，$G_p = 10 \log A_p$ [dB] の利得があるという．また，入出力インピーダンスが等しい場合，電力利得 A_p は電圧利得 A_v または電流利得 A_i の 2 乗に等しいから，式 (2.4) より，

$$A_p = A_v{}^2 = A_i{}^2 \tag{2.53}$$

である．したがって，

$$G_p = 20 \log A_v = 20 \log A_i \text{ [dB]} \tag{2.54}$$

となる．入出力インピーダンスが異なる場合，同じ利得のみを扱うなら，インピーダンスの大きさを考慮することなく，電圧利得が $20 \log A_v$ [dB]，電流利得が $20 \log A_i$ [dB] とすることが多い．表 2.2 にいくつかの比の値と dB 値の関係を示す．とくに記憶しておくと便利なのは，電力で 2 倍 ≒ 3 dB と 3 倍 ≒ 5 dB である．

　dB は無次元の量であるが，電力の基準に 1 mW を用い，それとの比を dB 値で示す場合がある．この場合，**dBm** という単位を使用する．たとえば，1 W を 30 dBm と

表 2.2 電圧・電流比と電力比の dB

dB	電圧・電流比	電力比	dB	電圧・電流比	電力比
40	10^2	10^4	-40	10^{-2}	10^{-4}
20	10	10^2	-20	10^{-1}	10^{-2}
10	$\sqrt{10}$	10	-10	$1/\sqrt{10}$	10^{-1}
6	2	4	-6	$1/2$	$1/4$
3	$\sqrt{2}$	2	-3	$1/\sqrt{2}$	$1/2$
0	1	1			

表示する．

2.7 雑音指数

増幅回路の出力には，必要な信号のほかに，不要な電圧あるいは電流が含まれる．これらの電圧と電流は，時間的に不規則な変動をしており，雑音とよばれる．雑音には，回路内に原因がある**内部雑音**（internal noise）と，外から入る**外来雑音**（external noise）にわけられる（図 2.14 参照）．外来雑音は，宇宙雑音などの自然雑音と，蛍光灯などの人工雑音である．また，内部雑音は，1.4 節で述べた熱雑音やショット雑音などである．

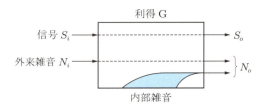

図 2.14 雑音指数の説明

増幅回路において，入力信号を小さくすると，出力信号は雑音に埋もれてしまい，識別が難しくなる．したがって，増幅できる入力信号の最低レベルが決められる．増幅器としては，この最低レベルの値が小さいほどよく，そのためには雑音を小さくすることが必要である．

信号の中に雑音が含まれている割合を，**信号対雑音比**（signal-to-noise ratio, SN 比, SN ratio）という．信号電力を S，雑音電力を N とおくと，S/N で表され，その値は一般に $10\log(S/N)$ の dB 値で示す．SN 比が大きいほど信号に含まれる雑音が少ない．

図 2.14 の増幅回路（利得 G）において，入力端の S_i/N_i と出力端の S_o/N_o の比 F は，

$$F = \frac{S_i/N_i}{S_o/N_o} = \frac{N_o}{GN_i} \tag{2.55}$$

となる．ここで，$G = S_o/S_i$ は利得であり，F は**雑音指数**（noise figure）とよばれる．一般に $10 \log F$ [dB] で表し，内部雑音がどの程度であるかを示す．

図 2.15 のような増幅用の線形 4 端子回路（利得 G，帯域幅 B）において，入力信号を信号電圧 v_s と内部抵抗 R_s の直列回路で表す．回路の入力抵抗 R_i が R_s に等しくなるように整合されていると，入力信号から最大の電力が回路に入る．また，負荷 R_l も出力抵抗 R_o に整合されているとする．いま，回路に入る外来雑音 N_i を，入力側の抵抗 R_s で発生する熱雑音に置き換えて考えると，回路が整合されているから，N_i は R_s（一様な温度 T に保たれている）の有能雑音電力であり，式 (1.33) から kTB に等しい．すなわち，

$$N_i = kTB \tag{2.56}$$

となる．つぎに，回路内部で発生する雑音を入力側に換算して N_{eq} とおくと，出力側における有能雑音電力 N_o は

$$N_o = G(N_i + N_{eq}) \tag{2.57}$$

で示される．したがって，式 (2.56)，(2.57) を式 (2.55) に代入すれば，雑音指数 F は，

$$F = 1 + \frac{N_{eq}}{kTB} \tag{2.58}$$

となる．また，N_{eq} が等価的に温度 T_{eq} [K] の有能電力に等しいとおくと，

$$T_{eq} = (F - 1)T \tag{2.59}$$

である．この T_{eq} は，入力側に換算した**雑音温度**（noise temperature）とよぶ．もし，内部雑音がなければ，$N_{eq} = 0$ であるから $F = 1$ つまり 0 dB であり，$T_{eq} = 0$ K となる．

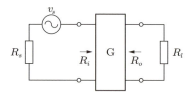

図 2.15　線形 4 端子増幅回路

例題 2.1　電流帰還バイアス回路の図 2.2 において，$R_1 = 80$ kΩ，$R_2 = 12$ kΩ，$R_E = 1$ kΩ および $\beta = 50$ とすれば，安定係数 S_2 はいくらか．

解答

式 (2.18) に代入して，次式となる．

$$S_2 = \frac{-1}{\dfrac{80\times 10^3 \times 12 \times 10^3}{(80+12)\times 10^3 \times 50} + 10^3} = -0.83 \text{ mA/V}$$

例題 2.2 電圧利得 A_v が 3 倍，電流利得 A_i が 150 倍のとき，電力利得の dB 値はいくらか．

解答

電力利得 A_p は $3\times 150 = 450$ 倍となる．したがって，dB で表した電力利得 G_p は，式 (2.7) を用いて，次式となる．

$$G_p = 10\log 450 = 26.5 \text{ dB}$$

演習問題

2.1 電流帰還バイアス回路における式 (2.17) を導け．

2.2 ゲート接地 FET の入力インピーダンスの式 (2.25) を導け．

2.3 ドレイン接地 FET の電圧利得の式 (2.26) を求めよ．

2.4 エミッタ接地トランジスタ増幅回路において，$h_{ie}=1.1 \text{ k}\Omega$, $h_{re}=2.5\times 10^{-4}$, $h_{fe}=50$, $h_{oe}=25 \text{ μS}$ および $R_l = 3 \text{ k}\Omega$ のとき，A_i と A_p を求めよ．

2.5 エミッタ接地増幅回路を問図 2.1(a) に，その T 形等価回路を図(b) に示す．増幅回路の入力抵抗 $R_i = V_b/I_b$ を求めよ．ここで，$r_m = \alpha r_c$, $(1-\alpha)r_c \gg R_l$, $(1-\alpha)r_c \gg r_e$ とする．

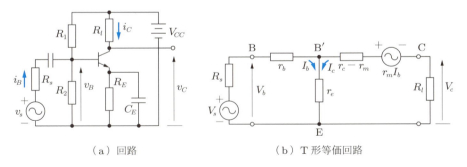

（a）回路　　　　　　　　　　（b）T 形等価回路

問図 2.1　エミッタ接地増幅回路

2.6 ある増幅回路で，入力側の SN 比が 17 dB，出力側の SN 比が 13 dB であった．この回路の雑音指数はいくらか．

第3章 帯域増幅回路

3.1 帯域増幅器

ここで述べる帯域増幅回路とは，ある特定の周波数のみ増幅するのではなく，**オーディオ増幅器**（audio amplifier）とか，**ビデオ増幅器**（video amplifier）に使用される回路で，相当広い範囲にわたり一様な利得を必要とする増幅回路である．たとえば，オーディオ増幅器では数十 Hz から数十 kHz，ビデオ増幅器では直流から数 MHz におよぶ一様な増幅特性が必要である．これらの回路では，信号源からデバイスへ，デバイスから次段のデバイスへ，またデバイスから負荷へ結合させる回路が必要である．この結合回路には，RC 結合回路，変成器結合回路および直接結合回路がある．ここでは，これらについて等価回路を用いて解析する．

3.2 RC 結合 FET 回路

ソース接地の **RC 結合回路**（RC coupled circuit）は，交流増幅器として広く使用される．図 3.1(a) は直流電源を含めた 1 段増幅回路である．同図ではリアクタンスとして，結合コンデンサのみ描かれているが，実際には，同図(b)の等価回路に示すように，FET のゲート・ソース間の容量 C_{gs} とドレイン・ソース間の容量 C_{ds}，さらにこれらに配線などの漂遊容量が加わった，入力容量 C_i と出力容量 C_o が並列に入ることになる．結合コンデンサ C_c は，前段のドレインの直流電圧が，後段のゲートに加わらないように，直流分をカットするために使用される．このため，各段のバイアス

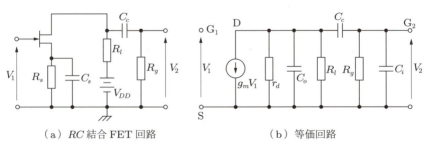

(a) RC 結合 FET 回路   (b) 等価回路

図 3.1　RC 結合 FET 回路

電圧を単独に設定することができる．C_c の値は周波数帯により異なるが，低周波増幅回路では通常 0.01～0.5 μF 程度が用いられる．FET の電極間容量は，数 pF から十数 pF 程度である．ソースのバイパスコンデンサ C_s のリアクタンスは十分小さいとし，簡単のために，解析ではソースが交流的に接地されているとする．等価回路から明らかなように，C_c が直列に，C_i と C_o が並列に入るので，利得は周波数により変化する．全般的に利得を求めても，式が複雑となるので，周波数を中域，高域と低域の三つの領域にわけて考えることにする．

3.2.1 中域周波数の特性 (mid frequency characteristic)

中域というのは，結合コンデンサ C_c のリアクタンス $1/\omega C_c$ は十分小さく，これによる電圧降下は無視でき，入出力容量 C_i と C_o のリアクタンス $1/\omega C_i$ と $1/\omega C_o$ が十分大きくて，これらに流れる電流は無視できる周波数領域である．このような場合の等価回路は，C_c は短絡，C_i と C_o は開放と近似できるので，図 3.2 のような抵抗のみの回路で表される．したがって，中域の電圧利得 A_{vm} は，

$$A_{vm} = \frac{V_2}{V_1} = -\frac{g_m V_1 R_t}{V_1} = -g_m R_t \tag{3.1}$$

となる．ここで，

$$\frac{1}{R_t} = \frac{1}{r_d} + \frac{1}{R_l} + \frac{1}{R_g} \tag{3.2}$$

であり，

$$A_{vm} = g_m R_t \angle 180° \tag{3.3}$$

で与えられる．ここに示した利得の位相角は，入力信号に対する出力信号の位相角である．

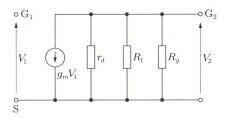

図 3.2 中域等価回路

3.2.2 高域周波数の特性 (high frequency characteristic)

前記の中域周波数より周波数が高くなると，結合コンデンサ C_c のリアクタンスはさらに小さくなるから，これは短絡と考えられる．また，入出力容量 C_i と C_o のリアクタンスも小さくなるので，これらに流れる電流は無視できなくなる．このような領域を高域という．高域における等価回路を図 3.3 に示す．C_i と C_o は並列に入るから，この合成容量を C_t とすれば，

$$C_t = C_i + C_o \tag{3.4}$$

である．つぎに，電圧利得 A_{vh} を求めると，

$$-g_m V_1 = \left(\frac{1}{R_t} + j\omega C_t\right) V_2$$

$$A_{vh} = \frac{V_2}{V_1} = -\frac{g_m R_t}{1 + j\omega C_t R_t} \tag{3.5}$$

となる．この式から利得は，周波数が高くなるほど低下することがわかる．いま，

$$\left.\begin{array}{l} \omega_h = \dfrac{1}{R_t C_t} \\[6pt] f_h = \dfrac{1}{2\pi R_t C_t} \end{array}\right\} \tag{3.6}$$

とおくと，

$$A_{vh} = \frac{-g_m R_t}{1 + jf/f_h} \tag{3.7}$$

$$A_{vh} = \frac{A_{vm}}{1 + jf/f_h} \tag{3.8}$$

である．大きさと位相角を求めると，

$$\left.\begin{array}{l} |A_{vh}| = \dfrac{A_{vm}}{\sqrt{1 + (f/f_h)^2}} \\[6pt] \phi = -\tan^{-1}\dfrac{f}{f_h} \end{array}\right\} \tag{3.9}$$

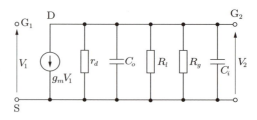

図 3.3　高域等価回路

であり，周波数が高くなると利得は低下し，$f = f_h$ では中域における利得の $1/\sqrt{2}$ ($= -3\,\mathrm{dB}$) となる．この周波数を高域しゃ断周波数といい，高域における利得低下の目安としてよく使われる．この場合，位相は中域より 45° 遅れ，135° となる．図 3.4 に利得のベクトル軌跡を示す．

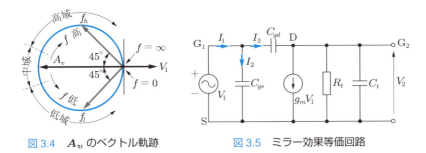

図 3.4　A_v のベクトル軌跡　　　　図 3.5　ミラー効果等価回路

3.2.3　ミラー効果

前項の計算では，ゲート・ドレイン間の容量 C_{gd} は無視したが，これを考慮した等価回路を図 3.5 に示す．この等価回路において，

$$\left. \begin{array}{l} I_1 = I_2 + I_3 \\ I_2 = V_1 j\omega C_{gs} \\ I_3 = (V_1 - V_2) j\omega C_{gd} \\ V_2 = A_v V_1 \end{array} \right\} \tag{3.10}$$

であるから，入力アドミタンス Y_i は，

$$Y_i = \frac{I_1}{V_1} = j\omega\{C_{gs} + (1 - A_v)C_{gd}\} \tag{3.11}$$

となり，ωC_{gs} のみでなく $(1 - A_v)\omega C_{gd}$ が加わったものになる．ソース接地では A_v が負であるから，入力容量 C_i は $C_{gs} + (1 + |A_v|)C_{gd}$ となる．これを，**ミラー効果**（Miller effect）という．

3.2.4　低域周波数の特性（low frequency characteristic）

中域周波数より低い周波数では，C_i と C_o のリアクタンスは大きくなるから省略できる．しかし，C_c のリアクタンスも大きくなり，無視できない．このような周波数領域を低域という．低域における等価回路は図 3.6 のようになる．この回路から電圧利得 A_{vl} を求めよう．

$$-g_m V_1 = I_1 + I_2 \tag{3.12}$$

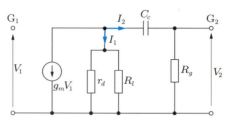

図 3.6　低域等価回路

$$I_2 = -g_m V_1 \frac{\dfrac{R_l r_d}{R_l + r_d}}{\dfrac{R_l r_d}{R_l + r_d} + \left(\dfrac{1}{j\omega C_c} + R_g\right)} \tag{3.13}$$

であるから，ここで，

$$R' = R_g + \frac{R_l r_d}{R_l + r_d} \tag{3.14}$$

とおき，前述の R_t を R' で表すと，

$$R_t = \frac{r_d R_l R_g}{R'(r_d + R_l)} \tag{3.15}$$

$$I_2 = -g_m V_1 \frac{\dfrac{R_l r_d}{R_l + r_d}}{R' + \dfrac{1}{j\omega C_c}} \tag{3.16}$$

となる．また，$V_2 = I_2 R_g$ であるから，

$$A_{vl} = \frac{I_2 R_g}{V_1} = \frac{-g_m R_t}{1 + \dfrac{1}{j\omega C_c R'}} \tag{3.17}$$

$$A_{vl} = \frac{A_{vm}}{1 + \dfrac{1}{j\omega C_c R'}} \tag{3.18}$$

となり，ここで，

$$\left. \begin{aligned} \omega_l &= \frac{1}{C_c R'} \\ f_l &= \frac{1}{2\pi C_c R'} \end{aligned} \right\} \tag{3.19}$$

とおけば，

$$A_{vl} = \frac{A_{vm}}{1 - jf_l/f} \tag{3.20}$$

である．大きさと位相角を求めると，

$$\left.\begin{array}{l} |A_{vl}| = \dfrac{A_{vm}}{\sqrt{1 + (f_l/f)^2}} \\[6pt] \phi = \tan^{-1}\dfrac{f_l}{f} \end{array}\right\} \tag{3.21}$$

となる．周波数が低くなるほど利得は低下し，$f = f_l$ では，中域の $1/\sqrt{2}\,(= -3\,\mathrm{dB})$ となり，位相は中域より 45° 進み，225° となる．この周波数を低域しゃ断周波数とよび，低域における利得低下の目安となる．利得のベクトル軌跡は，高域と同様に図 3.4 に示すようになる．

3.2.5 総合特性

これまでの各領域の特性をまとめると，利得と位相角の周波数全域にわたる特性は，図 3.7（a）と（b）のようになる．周波数が f_l より十分低い部分と f_h より十分高い部分，すなわち $f_l/f \gg 1$，$f/f_h \gg 1$ では，

$$|A_{vl}| \fallingdotseq A_{vm}\frac{f}{f_l} \tag{3.22}$$

$$|A_{vh}| \fallingdotseq A_{vm}\frac{f_h}{f} \tag{3.23}$$

であるから，傾斜は直線となる．すなわち，周波数が 2 倍になると，利得は 2 倍または 1/2 となる．このような傾斜を，±6 dB/octave（**octave**：2 倍），または ±20 dB/decade（**decade**：10 倍）の傾斜という．

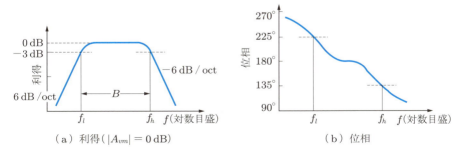

（a）利得（$|A_{vm}| = 0\,\mathrm{dB}$）　　　　　　（b）位相

図 3.7　*RC* 結合回路の総合特性

3.2.6 利得帯域幅積（GB 積）

増幅器の高域しゃ断周波数 f_h と低域しゃ断周波数 f_l の差を**帯域幅**（bandwidth）といい，B で表すと次式となる．

$$B = f_h - f_l \tag{3.24}$$

一般に，帯域増幅器では，$f_h \gg f_l$ であるから，

$$B \fallingdotseq f_h \tag{3.25}$$

としてよい．高域しゃ断周波数は式 (3.6) で示されるから，$R_t C_t$ を小さくすると高くなり，帯域幅が広くなる．C_t は使用する FET でほぼ決められるから，R_t を小さくすると B は広くなるが，利得が低下する．つまり，FET が与えられると，**GB 積**（**利得帯域幅積**, gain bandwidth product）は一定の値となり，R_t には関係しなくなる．式 (3.1)，(3.4) と式 (3.6) から GB 積は，

$$GB = \frac{g_m}{2\pi(C_i + C_o)} \tag{3.26}$$

で与えられる．したがって，広帯域増幅器では，g_m が大きく，電極間容量が小さい FET を用いなければならない．

3.2.7 多段増幅器の特性

いままで述べてきた特性は，1 段増幅回路についてであるが，段数を増すと帯域幅がどうなるかを考えてみよう．1 段あたりの高域の利得は，式 (3.9) で与えられる．この増幅器を n 段縦続に接続すれば，利得 A_n は，

$$A_n = \frac{A_{vm}{}^n}{\left\{ \sqrt{1 + (f/f_h)^2} \right\}^n} \tag{3.27}$$

である．この場合，高域しゃ断周波数 f_{hn} は，右辺の分母が $\sqrt{2}$ になる周波数であるから，

$$\left\{ 1 + \left(\frac{f}{f_h} \right)^2 \right\}^{n/2} = \sqrt{2} \tag{3.28}$$

$$f_{hn} = f_h \sqrt{2^{1/n} - 1} \tag{3.29}$$

となり，n が増すと f_{hn} すなわち帯域幅は減少する．たとえば，3 段増幅回路（$n = 3$）では，1 段の場合のほぼ 1/2 となることがわかる．

3.3 RC 結合トランジスタ回路

FET 回路と同様にエミッタ接地回路が多く使われるので，エミッタ接地回路について述べる．図 3.8 に直流電源を含めた 1 段増幅回路を示す．FET の場合と同様に，周波数領域を三つの領域にわけて考える．図 3.9 は，中域における等価回路である．同図では，トランジスタの h_{oe} は省略した．また，簡単のため，解析ではエミッタは交流的に接地されているものとする．FET の場合の R_g に相当するものは，次段のトランジスタのバイアスを与える抵抗 R_1 および R_2 と，入力抵抗 R_i の並列合成抵抗である．この等価回路から電圧増幅度 A_{vm} を求めると，

$$A_{vm} = \frac{V_2}{V_1} = \frac{-g_m V_1 R_t}{V_1} = -g_m R_t \tag{3.30}$$

となる．ただし，

$$\frac{1}{R_t} = \frac{1}{R_l} + \frac{1}{R_B} + \frac{1}{R_i}, \quad \frac{1}{R_B} = \frac{1}{R_1} + \frac{1}{R_2},$$

$$g_m = \frac{h_{fe}}{h_{ie}}, \quad h_{ie} = R_i = r_b + \frac{r_e}{1-\alpha_0}$$

であり，FET の場合と同じ結果が得られる．ここで，h_{fe} と h_{ie} は h パラメータであり，R_i は入力抵抗を示す（演習問題 1.5 と 2.5 参照）．

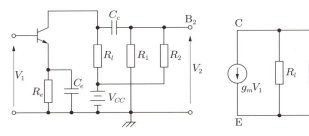 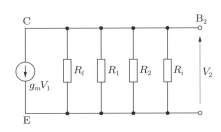

図 3.8　RC 結合トランジスタ回路　　　図 3.9　中域等価回路

つぎに，低域における増幅度を図 3.10 の低域等価回路から求める．FET の場合と同様に計算すると，

$$A_{vl} = \frac{-g_m R_t}{1 + \dfrac{1}{j\omega C_c R'}} \tag{3.31}$$

となる．ただし，

$$R' = \frac{R_B R_i}{R_B + R_i} + R_l$$

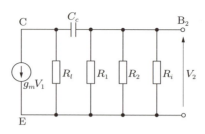

図 3.10　低域等価回路

であり，FET の場合と同形になる．したがって，式 (3.18)～(3.21) がそのままトランジスタの場合にも適用でき，低域における特性は同じ傾向を示す．ただ，トランジスタの R' が FET の R' に比べて小さいので，同一のしゃ断周波数を得るためには結合コンデンサ C_c の値を大きくしなければならない．一般に低周波増幅回路では，1～10 µF 程度のコンデンサが使用される．

つぎに，高周波領域における特性を述べる．トランジスタの場合，FET のように単に入力容量と出力容量で等価回路を表すことはできないが，R_i が小さいので漂遊容量は無視できる．トランジスタ自体の高周波等価回路は，第 1 章で述べたように複雑である．また，FET の場合は，キャリア走行時間効果による g_m の劣化は考慮しなかった．すなわち，入出力容量の影響を受ける周波数は，g_m の低下する周波数より十分低いところであるという考えに基づいている．トランジスタの場合，β のしゃ断周波数 f_β の低い低周波用では，一般に空乏層容量，とくにインピーダンスの高いベース・コレクタ間の空乏層容量 C_{Tc} の影響を受けるより低い周波数で β の低下が始まる．このような場合，図 1.42 のエミッタ接地高周波等価回路で C_c を省略し，入出力を分離した図 3.11 の等価回路について考えればよい．このようにすると，β の低下すなわち g_m の劣化は V_1 が V_1' に低下することで表されて，g_m は周波数と無関係になる．図 3.11 から A_{vh} を求めると，

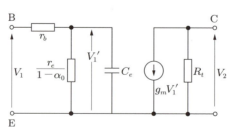

図 3.11　高域等価回路

$$V_1' = \frac{V_1}{1 + \dfrac{r_b}{r_e}(1 - \alpha_0) + j\omega C_e r_b} \tag{3.32}$$

となる．ここで，

$$\frac{r_b}{r_e}(1 - \alpha_0) \ll 1$$

とすると，

$$V_1' = \frac{V_1}{1 + j\omega C_e r_b} \tag{3.33}$$

$$V_2 = -g_m V_1' R_t$$

$$A_{vh} = -\frac{g_m R_t}{1 + j\omega C_e r_b} \tag{3.34}$$

が得られ，FET の高域の式 (3.5) と同じ形となるので，式 (3.9) までが適用できるから，特性は図 3.7 と同じ傾向となる．

一方，f_β がきわめて高いトランジスタについては，ベース・コレクタ容量の影響が支配的になると考えられるので，これにミラー効果を考慮し，FET の場合の C_t にこの値を用いれば，FET における式とまったく同じになることは明らかである．

3.4 直接結合増幅回路

直流あるいは，これにきわめて近いような低い周波数の信号を増幅する場合，結合コンデンサあるいは変成器は使うことができない．図 3.12 に示すように，コレクタはベースに直接または抵抗を通して結合しなければならない．この回路の周波数特性は，直流から中域までは平坦であるが，高域の特性は RC 結合回路と同じである．直接結合回路におけるバイアスの設定は，各段単独で行えない．また，入力信号がなくてもつねに Tr_2 のコレクタ直流電圧が出力に現れる．これを**オフセット電圧**（off set voltage）という．この電圧は，温度や電源電圧の変化などにより変動する．これを**ドリフト**（drift）という．この変動はゆるやかであるが，信号もゆるやかであるから識別できない．

図 3.12 で，バイアスを考えてみる．Tr_2 のベース電位は Tr_1 のコレクタ電位であるから，Tr_1 のベース電位より高くなり，段数を増すと，後段になるほど，コレクタの直流レベルが上昇する．そのため，電源電圧が同じであれば，十分な振幅が得られないことになる．このため第 10 章で述べる**レベルシフト回路**（level shifter）が必要となる．図 3.13 は相補型直接結合回路である．これは 1 段目のトランジスタに npn 型，

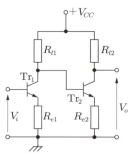

図 3.12　直接結合回路　　図 3.13　相補型直接結合回路

2段目には pnp 型を用いている．このような構成にして，$V_{CB1} = V_{CB2}$ にすると，同図から明らかなように，Tr_1 のコレクタ直流レベルと Tr_2 のコレクタ直流レベルは同じになり，レベルは上昇しない．

オフセットおよびドリフトは，直接結合回路において避けることのできないものであるが，第10章で述べる差動増幅回路を用いることによって，きわめて小さな値にすることができる．したがって，一般にこれが多く用いられている．

3.5　変成器結合増幅回路

変成器結合増幅回路は，初期のトランジスタ低周波増幅器において，段間結合や出力段と負荷の結合に用いられた．低周波用では変成器に鉄心が必要であり，大きさ，重量そして価格の点でも不利な面が多く，周波数特性も劣るので最近は段間結合にはあまり使用されなくなった．現在，主として用いられているのは，インピーダンス変換用である．たとえば，低いインピーダンスの**マイクロホン**（microphone）や，**カートリッジ**（cartridge）の出力を高インピーダンスの増幅器に接続する場合に使われる．また，オーディオ増幅器の出力側に用い，スピーカの**ボイスコイル**（voice coil）のインピーダンスと増幅器の出力インピーダンスを整合させるために使用される．しかし，これも現在では，第7章の電力増幅回路のところで述べる変成器を用いない回路に変わってきている．ここでは，インピーダンス変成について述べ，その周波数特性については省略する．

図 3.14 に示すような変成器を理想変成器とする．同図において，

$$\left. \begin{array}{l} v_1 = n_1 \dfrac{d\phi}{dt} \\ v_2 = n_2 \dfrac{d\phi}{dt} \end{array} \right\} \tag{3.35}$$

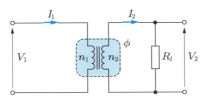

図 3.14 理想変成器

となる．したがって，

$$\frac{v_1}{v_2} = \frac{n_1}{n_2} \tag{3.36}$$

となる．また，

$$n_1 i_1 = n_2 i_2 \tag{3.37}$$

であるから，これより，

$$\frac{v_1}{v_2} = \frac{i_2}{i_1} = \frac{n_1}{n_2} \tag{3.38}$$

の関係が成立する．それゆえ，1 次側からみたインピーダンス Z は，

$$Z = \frac{V_1}{I_1} = \frac{n_1/n_2}{n_2/n_1} \frac{V_2}{I_2} \tag{3.39}$$

したがって，

$$Z = \left(\frac{n_1}{n_2}\right)^2 R_l \tag{3.40}$$

が得られ，巻線比の 2 乗によってインピーダンスが変換される．

たとえば，出力インピーダンスが $1\,\mathrm{k\Omega}$ の増幅器に，負荷として $10\,\Omega$ のボイスコイルのスピーカを接続する場合，$10^3 = (n_1/n_2)^2 \cdot 10$ から，$n_1 : n_2 = 10 : 1$ の巻線比の変成器を用いればよいことになる．

3.6 広帯域増幅回路

帯域増幅器を広帯域とするためには，GB 積（トランジスタでは f_T）の大きなデバイスを用いればよいが，GB 積の比較的小さな素子で広帯域化を実現するには，通常**ピーキング**（peaking）とよばれる方法を用いる．ピーキングというのは，図 3.15（a）と（b）に示すように，負荷抵抗と直列に，あるいは結合コンデンサと直列にインダクタンスを入れて，並列容量 C_i との共振を利用し，高域しゃ断周波数付近の利得を増加させようというものである（第 4 章の同調増幅回路参照）．

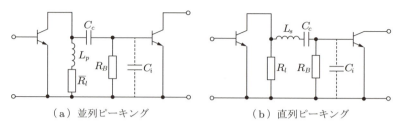

図 3.15　ピーキング回路

ピーキングしても所要帯域幅が得られない場合，図 3.16 に示す**分布増幅回路**（distributed amplifier）が用いられる．同図において n 個の FET のゲートおよびドレインには，同じ遅延時間をもつ**遅延線路**（delay line）が接続されており，線路の特性インピーダンス，

$$\left. \begin{array}{l} R_g = \sqrt{\dfrac{L_g}{C_g}} \\ R_d = \sqrt{\dfrac{L_d}{C_d}} \end{array} \right\} \tag{3.41}$$

で終端されている．

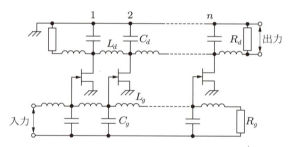

図 3.16　分布増幅回路

いま，入力端子に信号が加えられると，信号は順次伝搬して各ゲートに加えられる．ゲートに加えられた信号は増幅されて，出力側線路を伝搬する．ゲート側の遅延時間は，ドレイン側のそれに等しいから，結局 R_d の終端抵抗に同相で加え合わされることになる．このような n 段の増幅回路では，利得は n 個の FET を並列に接続したことになり，通常の n 段縦続接続と異なり，総合利得は n 段の積とはならず和となる．負荷としては伝送線路が左右両方に入り，特性インピーダンスで終端されているから，利得は，

$$|A_v| = \frac{1}{2} n g_m \sqrt{\frac{L_d}{C_d}} = \frac{1}{2} n g_m R_d \tag{3.42}$$

となり，段数 n を多くすれば，それだけ利得を増加させることができる．

帯域幅は，遅延線路の1区間が**定K型フィルタ**（constant k filter）を構成するから，しゃ断周波数 f_c は，

$$f_c = \frac{1}{\pi\sqrt{L_d C_d}} = \frac{1}{\pi\sqrt{L_g C_g}} \tag{3.43}$$

で与えられる．C_d，C_g に FET の電極間容量を含めて考え，それぞれ L_d と L_g を決めれば，段数と無関係に高いしゃ断周波数が得られる．

例題 3.1 図3.9の等価回路から電流利得 A_i を求めよ．

解答

同図において，電流源を βI_1 とし，R_i に流れる電流を I_2 とすれば，$A_i = I_2/I_1$ より求められる．すなわち，

$$I_2 = \beta I_1 \frac{R_t}{R_i + R_t}$$

ここに，$\dfrac{1}{R_t} = \dfrac{1}{R_1} + \dfrac{1}{R_2} + \dfrac{1}{R_l}$

$$\therefore \quad A_i = \frac{\beta R_t}{R_i + R_t}$$

例題 3.2 例題3.1のトランジスタにおいて，$r_b = 100\,\Omega$，$r_e = 10\,\Omega$，$\alpha = 0.98$ とし，$R_l = 5\,\text{k}\Omega$，$R_1 = 25\,\text{k}\Omega$，$R_2 = 5\,\text{k}\Omega$ のとき，電流利得を求めよ．

解答

演習問題2.5解答の式 (4) と例題3.1 から

$$R_i = 100 + \frac{10}{1 - 0.98} = 600\,\Omega$$

$$\frac{1}{R_t} = \left(\frac{1}{25} + \frac{1}{5} + \frac{1}{5}\right) \times 10^{-3}$$

$$\therefore \quad R_t = 2\,273\,\Omega$$

となる．さらに，β の式 (1.10) を用いると，次式となる．

$$A_i = \frac{0.98}{1 - 0.98} \times \frac{2\,273}{600 + 2\,273} \fallingdotseq 38.8$$

例題 3.3 中域の利得が 40 である RC 結合 FET 1段増幅回路において，高域しゃ断周波数が 50 kHz，低域しゃ断周波数が 20 Hz のとき，100 kHz および 40 Hz における利得と位相角を求めよ．

解答

A_{vm} が 40 であるから,100 kHz のとき,式 (3.9) より,

$$|A_{vh}| = \frac{40}{\sqrt{1 + \left(\dfrac{100}{50}\right)^2}} \fallingdotseq 17.9$$

$$\phi = -\tan^{-1}\frac{100}{50} \fallingdotseq -63.4°$$

$$\therefore \quad 180° - 63.4° = 116.6°$$

40 Hz のとき,式 (3.21) から,

$$|A_{vl}| = \frac{40}{\sqrt{1 + \left(\dfrac{20}{40}\right)^2}} \fallingdotseq 35.8$$

$$\phi = \tan^{-1}\frac{20}{40} \fallingdotseq 26.6°$$

$$\therefore \quad 180° + 26.6° = 206.6°$$

演習問題

3.1 図 3.1 の回路において,$r_d = 50\,\text{k}\Omega$,$R_l = 100\,\text{k}\Omega$,$R_g = 1\,\text{M}\Omega$,$C_c = 0.01\,\mu\text{F}$,$C_i = C_o = 10\,\text{pF}$,$g_m - 4\,\text{mS}$ であるとき,中域の利得と低域および高域しゃ断周波数を求めよ.

3.2 図 3.1 の等価回路より,電圧増幅度 A_v を与える一般式を導け.

3.3 演習問題 3.1 の回路において,$f = 2\,\text{kHz}$ では中域の等価回路が成立することを検討せよ.

3.4 高域しゃ断周波数が 1 MHz である増幅器を 2 段縦続に接続した場合,高域しゃ断周波数を求めよ.

3.5 ミラー効果について説明せよ.

第4章 周波数選択増幅回路

4.1 同調増幅器

　ラジオの高周波増幅回路のように，多くの異なった周波数の電波の中から，ある特定の局の電波のみを選択して増幅する回路を，**周波数選択増幅回路**（frequency selective amplifier）とよぶ．また，同調回路が用いられるので，**同調増幅回路**（tuned amplifier）ともいう．一般に，この回路には，LC 並列共振回路を負荷とする増幅回路が用いられる．また，きわめて狭い帯域幅を必要とする高周波増幅回路には，水晶共振子が使われる．さらに，低周波においても特定の周波数を増幅する必要がある場合，RC を用いた RC 同調回路が使用される．

4.2 LC 並列共振回路の性質

　一般的な**並列共振回路**（parallel resonance circuit）は，図 4.1（a）に示すように，インダクタンス L およびその抵抗 r の直列回路と，キャパシタンス C の並列回路として表されるが，共振回路の損失 R を LC と並列に入れても，同図に示すような変換をすると，同図（a）は同図（b）に等価である．同図（a）のインピーダンスは，

$$Z = \frac{\dfrac{r+j\omega L}{j\omega C}}{r+j\left(\omega L - \dfrac{1}{\omega C}\right)} = \frac{\dfrac{L}{C}\left(1+\dfrac{r}{j\omega L}\right)}{r+j\left(\omega L - \dfrac{1}{\omega C}\right)} \tag{4.1}$$

となる．一般に r は小さいから，$\omega L \gg r$ とおくと，Z は次式で示される．

$$Z \fallingdotseq \frac{L}{C}\frac{1}{r+j\left(\omega L - \dfrac{1}{\omega C}\right)} \tag{4.2}$$

　この共振回路の共振角周波数を ω_0 とすると，$\omega_0 L = 1/\omega_0 C$ であるから，インピーダンスは，

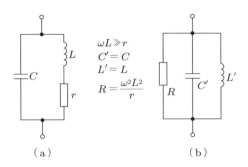

図 4.1 並列共振回路

$$\left. \begin{array}{l} Z_{\omega=\omega_0} = \dfrac{L}{Cr} = R_0 \\ \omega_0 = \dfrac{1}{\sqrt{LC}} \end{array} \right\} \quad (4.3)$$

となり，純抵抗 R_0 となる．式 (4.2) からわかるように，$\omega < \omega_0$ では誘導性，$\omega > \omega_0$ では容量性インピーダンスとなる．また，同図(b)の回路のインピーダンスは，

$$Z = \dfrac{1}{\dfrac{r}{\omega^2 L^2} + j\left(\omega C - \dfrac{1}{\omega L}\right)} \quad (4.4)$$

であり，共振角周波数に対して，

$$Z_{\omega=\omega_0} = \dfrac{\omega^2 L^2}{r} = R \quad (4.5)$$

$$Z_{\omega=\omega_0} = \dfrac{L}{Cr} = R = R_0 \quad (4.6)$$

となり，同一の結果が得られる．R_0 は共振インピーダンスとよばれる．つぎに，**共振特性の鋭さ**（quality factor）を表す量として Q_0 を

$$\left. \begin{array}{l} Q_0 = \dfrac{\omega_0 L}{r} = \dfrac{1}{\omega_0 rC} \\ Q_0 = \dfrac{R}{\omega_0 L} = \omega_0 RC \end{array} \right\} \quad (4.7)$$

と定義すると，

$$Q_0 = \dfrac{1}{r}\sqrt{\dfrac{L}{C}} = R\sqrt{\dfrac{C}{L}} \quad (4.8)$$

$$R = R_0 = Q_0^2 r = \omega_0 L Q_0 = \dfrac{Q_0}{\omega_0 C} \quad (4.9)$$

となる．いま，**離調度**（detuning factor）δ を，

$$\delta = \frac{\omega - \omega_0}{\omega_0} = \frac{\omega}{\omega_0} - 1 \tag{4.10}$$

のように定義する．したがって，R_0，Q_0 と δ を用いて式 (4.2) を書き換えると，次式が得られる．

$$Z = \frac{R_0}{1 + jQ_0\delta(\delta+2)/(\delta+1)} \tag{4.11}$$

同調増幅回路では，共振周波数付近の周波数のみ考えればよいから，$\delta \ll 1$ とおくと，インピーダンスは，

$$Z \fallingdotseq \frac{R_0}{1 + j2Q_0\delta} \tag{4.12}$$

で与えられる．この大きさと周波数の関係を図 4.2 に示す．同図において，$|Z|$ が共振インピーダンス R_0 の $1/\sqrt{2}$ となる周波数を，f_1 および f_2 とすれば，共振回路の帯域幅 B は，

$$B = f_2 - f_1 \tag{4.13}$$

で与えられる．

$$2Q_0\delta = \pm 1 \tag{4.14}$$

$$\delta = \frac{\omega}{\omega_0} - 1 = \pm \frac{1}{2Q_0}$$

$$\omega = \omega_0 \left(1 \pm \frac{1}{2Q_0}\right) \tag{4.15}$$

であるから，これらの式と，$\omega_1 = 2\pi f_1$，$\omega_2 = 2\pi f_2$ および $\omega_0 = 2\pi f_0$ から，

$$B = \frac{f_0}{Q_0} \tag{4.16}$$

が得られる．Q_0 が大きいほど共振回路の帯域幅が狭くなる．この様子を図 4.2 に示す．

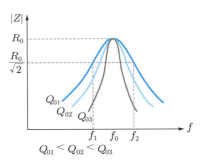

図 4.2　並列共振回路のインピーダンス

4.3 単一同調増幅回路

単一同調増幅回路は，前節で述べた並列共振回路を負荷とする増幅回路である．直流電源を含めたトランジスタ高周波増幅回路を，図 4.3（a）に示す．その等価回路を，電流源で表したのが同図（b）である．等価回路の C は，並列共振回路の容量，トランジスタの出力容量および次段の入力容量が並列に入ったものであり，R_i は次段のバイアス用抵抗 R_B と，トランジスタの入力抵抗 h_{ie} の並列合成抵抗である．また，C_c は，前章に述べた理由により省略している．等価回路の全インピーダンスを Z_T とすれば，電圧利得 A_v は，

$$A_v = -g_m Z_T \tag{4.17}$$

で与えられ，

$$\frac{1}{Z_T} = h_{oe} + \frac{1}{Z} + \frac{1}{R_i} \tag{4.18}$$

である．また，共振周波数に対しては，

$$\frac{1}{Z_{T\omega=\omega_0}} = \frac{1}{R_{T0}} = h_{oe} + \frac{1}{R_0} + \frac{1}{R_i} \tag{4.19}$$

となる．

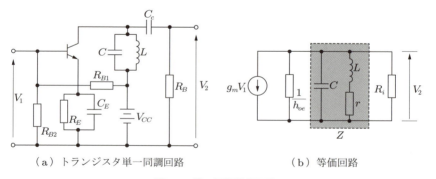

図 4.3　単一同調増幅回路

この等価回路の Q は，h_{oe} と R_i が並列に入るため低下し，実効的な Q を Q_e として，

$$Q_e = \frac{Q_0 R_{T0}}{R_0} \tag{4.20}$$

とおくと，式 (4.12) より，

$$A_v = \frac{-g_m R_{T0}}{1 + j2Q_e\delta} \tag{4.21}$$

である．そして，共振のとき電圧利得が最大となり，

$$A_{v0} = -g_m R_{T0} \tag{4.22}$$

で与えられる．したがって，相対利得を求めると，

$$\frac{A_v}{A_{v0}} = \frac{1}{1 + j2Q_e\delta} \tag{4.23}$$

となり，前節の並列共振回路におけるインピーダンスの式と同じ形である．また，周波数と相対利得の曲線も図 4.2 と同じ傾向を示す．

帯域幅 B は，Q_0 のかわりに Q_e とおくと，

$$B = \frac{f_0}{Q_e} \tag{4.24}$$

で与えられる．このように，トランジスタが入ると，Q が低下するため，帯域幅が広くなる．

FET の場合，等価回路において，$1/h_{oe}$ と R_i を，それぞれ r_d と R_g に置き換えると，同様の結果が得られる．トランジスタの場合は，h_{ie} が低いので Q_e が小さくなり，選択性は FET より悪くなる．それゆえ，図 4.4（a）のように単巻変成器を構成し，**タップダウン**（tap down）をすると，R_i の値は $n^2 R_i$ となり，選択性を改善できる．また，同図（b）のように，2 次側を別巻にして次段に結合する変成器を用いても同じである．

変成器結合とした場合，利得と選択性が相互インダクタンス M の値によって変えられるので，高周波増幅回路では，結合コンデンサ C_c を用いないで変成器結合とすることが多い．

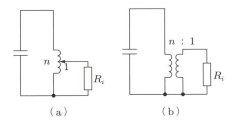

図 4.4　変成器結合

4.4　複同調増幅回路

変成器結合回路の 1 次側と 2 次側を，ともに同調回路としたのが**複同調回路**（double tuned circuit）である．主として**スーパヘテロダイン受信機**（superheterodyne receiver）の中間周波増幅回路に用いられ，単一同調増幅回路より広い帯域幅が得られる．

FETを使用した回路と等価回路を図4.5に示す．同図(b)の等価回路は，図4.3(b)のトランジスタの電流源等価回路を，FETを用いた電圧源等価回路に変換したものである．並列抵抗の$1/h_{oe}$をr_d，またR_iをR_gとし，さらに図4.1に示した変換を用いて，r_1とr_2に含ませてある．図4.5(b)において，

$$-\frac{g_m V_1}{j\omega C_1} = Z_1 I_1 + j\omega M I_2 \tag{4.25}$$

$$0 = j\omega M I_1 + Z_2 I_2 \tag{4.26}$$

が成立する．ここで，

$$Z_1 = r_1 + j\left(\omega L_1 - \frac{1}{\omega C_1}\right) \tag{4.27}$$

$$Z_2 = r_2 + j\left(\omega L_2 - \frac{1}{\omega C_2}\right) \tag{4.28}$$

である．式(4.25)と式(4.26)からI_2を求めると，

$$I_2 = \frac{g_m V_1}{Z_1 Z_2 + (\omega M)^2} \frac{M}{C_1} \tag{4.29}$$

となる．2次端子電圧は$V_2 = -I_2/j\omega C_2$であるから，電圧利得A_vは，

$$A_v = \frac{V_2}{V_1} = \frac{-M}{j\omega C_1 C_2} \frac{g_m}{Z_1 Z_2 + (\omega M)^2} \tag{4.30}$$

で与えられる．いま，1次と2次がともにω_0に共振している場合を考える．ここで，

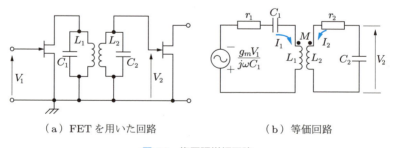

（a）FETを用いた回路　　　　（b）等価回路

図4.5　複同調増幅回路

$$Q_1 = \frac{\omega_0 L_1}{r_1} = \frac{1}{\omega_0 C_1 r_1}$$

$$Q_2 = \frac{\omega_0 L_2}{r_2} = \frac{1}{\omega_0 C_2 r_2}$$

$$M = k\sqrt{L_1 L_2} \tag{4.31}$$

$$a = k\sqrt{Q_1 Q_2}$$

$$\delta = \frac{\omega - \omega_0}{\omega_0}$$

とおき，共振周波数 ω_0 の近傍のみ考える．

$$Z_1 = r_1(1 + j2\delta Q_1) \tag{4.32}$$

$$Z_2 = r_2(1 + j2\delta Q_2) \tag{4.33}$$

であるから，これらを式 (4.30) に代入すると，

$$A_v = -\frac{M}{j\omega C_1 C_2} \frac{g_m}{r_1 r_2 (1 + j2\delta Q_1)(1 + j2\delta Q_2) + \omega^2 M^2}$$

$$A_v = \frac{j g_m a Q_1 Q_2 \sqrt{r_1 r_2}}{1 + a^2 + 2j\delta(Q_1 + Q_2) - 4\delta^2 Q_1 Q_2} \tag{4.34}$$

である．共振のとき，$\delta = 0$ から，

$$A_{v0} = \frac{j g_m a Q_1 Q_2 \sqrt{r_1 r_2}}{1 + a^2} \tag{4.35}$$

となり，相対利得を求めると，

$$\frac{A_v}{A_{v0}} = \frac{1}{1 - \dfrac{4\delta^2 Q_1 Q_2}{1 + a^2} + j\,\dfrac{2\delta(Q_1 + Q_2)}{1 + a^2}} \tag{4.36}$$

である．さらに，a の大きさにより周波数特性がどのように変化するかを調べよう．簡単のために，$Q_1 = Q_2 = Q$ とする．

(1) 臨界結合

$a = 1$ の場合を**臨界結合**（critical coupling）という．これは，$|A_{v0}|$ を a で微分し，0 とおくことにより得られ，$|A_{v0}|_{\max}$ は，

$$|A_{v0}|_{\max} = \frac{1}{2} g_m Q^2 \sqrt{r_1 r_2} \tag{4.37}$$

となる．

(2) 過結合

$a > 1$ の場合を**過結合**（overcoupling）という．この場合，$|A_v|$ は周波数に対して双峰特性となる．このとき最大値を与える ω の値は，$|A_v/A_{v0}|$ を 2 乗し，δQ で微分して 0 とおくことにより求められる．それゆえ，

$$\delta Q = \pm \frac{1}{2}\sqrt{a^2 - 1} \tag{4.38}$$

から，ω は，

$$\omega_{1,2} = \omega_0 \left(1 \pm \frac{\sqrt{a^2-1}/2}{Q}\right) \tag{4.39}$$

となり，$\omega_{1,2}$ において利得が最大となる．$A_{v\max}$ は，式 (4.34) と式 (4.38) から，

$$A_{v\max} = \frac{jg_m a Q^2 \sqrt{r_1 r_2}}{2(1 \pm j\sqrt{a^2-1})} \tag{4.40}$$

$$|A_{v\max}| = \frac{1}{2} g_m Q^2 \sqrt{r_1 r_2} \tag{4.41}$$

であり，$a = 1$ における最大値と同じになる．

(3) 疎結合

$a < 1$ の場合を**疎結合**（loose coupling）という．このとき，$\sqrt{a^2-1}$ は虚数となり実在しない．したがって，$|A_v|$ の最大値は $\omega = \omega_0$ の共振周波数で得られる．

これまで述べた関係を，$a = 1$，$a = 2$ と $a = 0.5$ について示すと，図 4.6 となる．

つぎに，$a = 1$ の場合における複同調回路の帯域幅を調べる．相対利得は式 (4.36) から，次式で与えられる．

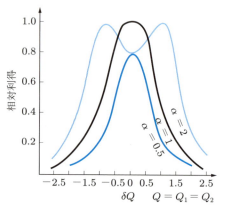

図 4.6　複同調回路相対利得

$$\frac{A_v}{A_{v0}} = \frac{1}{1 - 2\delta^2 Q^2 + j2\delta Q} \tag{4.42}$$

$$\left|\frac{A_v}{A_{v0}}\right| = \frac{1}{\sqrt{1 + 4\delta^4 Q^4}} \tag{4.43}$$

したがって，帯域幅は，$4\delta^4 Q^4 = 1$ とおくことにより得られ，

$$B = \sqrt{2}\frac{f_0}{Q} \tag{4.44}$$

となる．上式から，複同調回路の B は，単一同調回路の $\sqrt{2}$ 倍だけ広くなることがわかる．

4.5 スタガ同調増幅回路

テレビ受像機における中間周波増幅回路のように，中心周波数が数十 MHz で，帯域幅が数 MHz も必要な増幅回路では，いままで述べてきた回路は帯域幅が狭くて使えない．したがって，単一同調増幅回路を数段用いて，それぞれの共振周波数をいくらか異なるように調整すれば，図 4.7 に示すような特性が得られる．このような構成を **スタガ同調回路**（stagger tuned circuit）という．

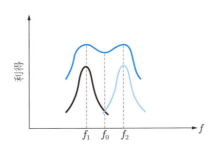

図 4.7　スタガ同調の周波数特性

4.6 RC 同調増幅回路

低周波増幅回路で，周波数選択性をもたせるために LC 共振回路を用いる場合は，L の値が大きいから，鉄心のあるコイルを用いなければならない．そのため，重量と大きさが増し，実装上また経済的にも不利である．したがって，RC を用いて周波数選択性回路を構成し，特定の周波数付近を増幅しようとするのが，**RC 同調増幅回路**（RC tuned amplifier）である．周波数選択性回路の例を図 4.8 に示す．

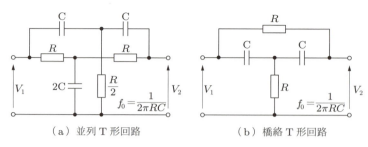

図 4.8　*RC* 周波数選択回路

同図の(a)と(b)は，ある特定周波数 f_0 で出力 V_2 が 0 となる回路である．この回路を段間結合に使用したのでは，特定の周波数で出力が 0 となり目的に反する．それゆえ，次章で述べる負帰還増幅回路の帰還回路にこれらの回路を用いると，f_0 およびその付近で帰還量が減少するので，利得は低下しない．しかし，f_0 から離れた周波数では帰還量が増大して利得が低下する．したがって，図 4.9 のような周波数特性が得られ，目的が達せられる．このような回路は，**ステレオ装置**（stereo equipment）などの**トーンコントロール**（tone control）回路に応用されている．

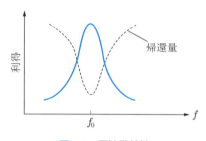

図 4.9　周波数特性

4.7 中和回路

高周波増幅回路において，周波数が高くなるとデバイスのわずかな電極間容量でも，リアクタンスが小さくなり，これを通して出力の一部が入力に戻り，発振の原因となったり，動作が不安定になったりする．それゆえ，高周波増幅回路では，デバイスの内部容量を通して帰還される電圧と位相が 180° 異なり，大きさが等しい電圧を外部回路を通して入力側に戻し，打ち消す方法がしばしば用いられる．この方法を**中和**（neutralization）という．図 4.10 に，FET の**中和回路**（neutralization circuit）を示す．同図(a)は同図(b)のようなブリッジ回路を構成しているから，中和コンデンサ C_N を調整して，

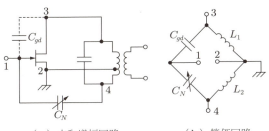

(a) 中和増幅回路　　　　(b) 等価回路

図 4.10 中和回路原理図

$$\frac{C_N}{C_{gd}} = \frac{L_1}{L_2} \tag{4.45}$$

の条件を満足すれば，1–2 間の電圧は 0 となり中和がとれたことになる．

例題 4.1 図 4.1(a) の r と L の直列回路を R と L' の並列回路に変換せよ．ただし，$\omega L \gg r$ とする．

解答

r と L の直列回路のアドミタンス Y は，$\omega L \gg r$ であるから，

$$Y = \frac{1}{r + j\omega L} = \frac{r - j\omega L}{r^2 + \omega^2 L^2} \doteqdot \frac{r}{\omega^2 L^2} + \frac{1}{j\omega L}$$

となる．一方，R と L' の並列回路のアドミタンスは，

$$Y = \frac{1}{R} + \frac{1}{j\omega L'}$$

であるから，両式を比較した次式の並列回路が得られる．

$$R = \frac{\omega^2 L^2}{r}, \quad L' = L$$

例題 4.2 例題 4.1 において，コイルの抵抗が $3\,\Omega$，インダクタンスが $1\,\mathrm{mH}$，そして周波数が $100\,\mathrm{kHz}$ の場合，R の値はいくらか．

解答

$$R = \frac{(2\pi \times 100 \times 10^3)^2 \times 10^{-3 \times 2}}{3} \doteqdot 132\,\mathrm{k\Omega}$$

例題 4.3 単一同調増幅回路において，周波数 $1\,\mathrm{MHz}$ における帯域幅を $10\,\mathrm{kHz}$ にしたい．実効的な Q_e の値は，いくらにすればよいか．

66 第 4 章　周波数選択増幅回路

解答

式 (4.24) より次式となる.

$$Q_e = \frac{10^6}{10 \times 10^3} = 100$$

例題 4.4　455 kHz の複同調中間周波増幅回路において，10 kHz 離れた周波数で -20 dB の減衰を得るための Q の値を求めよ．ただし，1 次と 2 次の同調回路の Q は等しく，臨界結合をしているとする.

解答

-20 dB $= 0.1$ であり，式 (4.31) から $\delta = 10/455$ となる．それゆえ，式 (4.43) より Q を求める．すなわち，

$$0.1 = \frac{1}{\sqrt{1 + 4\left(\frac{10}{455}\right)^4 Q^4}} \qquad \therefore \quad Q \fallingdotseq 101$$

演習問題

4.1　単一同調増幅回路で中心周波数 80 MHz，帯域幅 400 kHz，共振インピーダンスを 10 kΩ としたとき，L および C の値を求めよ.

4.2　同一特性の単一同調増幅回路を n 段縦続に接続した場合，総合の帯域幅を与える式を導け.

4.3　455 kHz の複同調中間周波増幅回路における 1 次および 2 次回路の Q を 100 とした場合，臨界結合における帯域幅と必要な結合係数 k を求めよ.

4.4　複同調回路の帯域幅 B が式 (4.44) で与えられることを，式 (4.43) より導け.

第5章 負帰還増幅回路

5.1 帰還増幅器

増幅回路において，出力信号の一部あるいは全部が入力側に戻ることを，一般に**帰還**（feedback）という．デバイスの内部容量を通して，出力の一部が入力側に戻る場合は，内部帰還ともよばれる．また，帰還増幅器とは，外部に帰還回路を設け，適当な帰還により，増幅器の特性を変えようとする増幅器である．そして，増幅器に帰還をかけた場合，利得が減少するものを**負帰還**（negative feedback），利得が増加するものを**正帰還**（positive feedback）とよぶ．ここでは，負帰還増幅回路について述べる．

5.2 帰還の理論

図 5.1 の帰還増幅回路において，A は利得が A 倍の増幅器を表し，β_f は帰還率が β_f 倍の帰還回路を示す．帰還率とは，帰還回路に入る信号と，その回路から出る信号の比である．いま，信号を電圧と考えて，入力電圧を V_i，出力電圧を V_o とすると，帰還回路を通して入力側に戻る電圧は，$\beta_f V_o$ である．したがって，実際に増幅器に入る電圧 V_1 は，

$$V_1 = V_i + \beta_f V_o \tag{5.1}$$

である．これが A 倍されて出力電圧となるから，V_o は，

$$V_o = A(V_i + \beta_f V_o) \tag{5.2}$$

となる．それゆえ，V_o を求めると次式で与えられる．

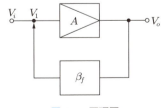

図 5.1 原理図

$$V_o = \frac{AV_i}{1 - A\beta_f} \tag{5.3}$$

したがって，帰還をかけた場合の電圧利得 A_f は，

$$A_f = \frac{V_o}{V_i} = \frac{A}{1 - A\beta_f} \tag{5.4}$$

となり，帰還による利得は，$1/(1 - A\beta_f)$ 倍となる．式 (5.4) において

$$|1 - A\beta_f| < 1 \qquad |A_f| > |A| \tag{5.5}$$

$$|1 - A\beta_f| > 1 \qquad |A_f| < |A| \tag{5.6}$$

である．式 (5.5) の場合が正帰還，そして式 (5.6) の場合が負帰還である．

　帰還増幅回路における $A\beta_f$ を，**ループ利得**（loop gain）といい，一般に周波数の関数であり，複素数である．いま簡単のために，$A\beta_f$ が入力と同相（正）および逆相（負）の二つの場合について考える．式 (5.5) は $A\beta_f$ が正で，かつ 1 より小さくなければならない．この場合は，**正帰還増幅器**（positive feedback amplifier）として正常に動作する．式 (5.6) の場合は，$A\beta_f$ が負であれば**負帰還増幅器**（negative feedback amplifier）としてはたらく．利得 A_f を与える一般式 (5.4) の A と β_f に，単に数値を入れて A_f が計算できるのは，上記二つの場合である．一般式 (5.4) において，$A\beta_f$ が 1 より大，あるいは 1 に等しい場合については，負帰還増幅器の安定性および発振回路のところで述べる．さらに，$A\beta_f \gg 1$ で負の場合には，

$$A_f \fallingdotseq -\frac{1}{\beta_f} \tag{5.7}$$

となり，負帰還増幅器の特性は，帰還回路の特性で決められ，利得 A の増幅器にはほぼ無関係となる．このことは重要な性質である．

5.3　負帰還増幅器の利点

　負帰還をかけることにより，利得は $1/(1 - A\beta_f)$ 倍に減少するが，つぎのような利点がある．すなわち，利得の安定化，周波数特性の改善，非直線ひずみの改善，雑音の抑制および入出力インピーダンスの変化などである．これらを説明しよう．

5.3.1　利得の安定化

　増幅器ではいろいろな原因，たとえば電源電圧の変動，デバイスの経年変化あるいは交換，温度変化などによって利得が変化する．これは増幅器として好ましくない．いま，負帰還をかけることによって，利得の変動がどのように改善されるかを調べよう．

一般式 (5.4) の両辺の対数をとり，A で微分すると，

$$\frac{dA_f}{A_f} = \frac{dA}{A} \frac{1}{1 - A\beta_f} \tag{5.8}$$

となる．したがって，A_f の変動率 dA_f/A_f は，帰還をかけない場合の変動率 dA/A の $1/(1 - A\beta_f)$ であり，利得が減少する分だけ改善されており，安定となる．

5.3.2 周波数特性の改善

高域しゃ断周波数が f_h である増幅器の利得 A は，第 3 章で述べたように，一般に次式で表される．

$$A = \frac{A_0}{1 + jf/f_h} \tag{5.9}$$

ここで，A_0 は利得が一定である周波数領域の利得である．負帰還をかけると，利得 A_f は式 (5.9) を式 (5.4) に代入して，

$$A_f = \frac{A_0}{1 - A_0\beta_f} \frac{1}{1 + j\dfrac{f}{f_h(1 - A_0\beta_f)}} \tag{5.10}$$

である．この式から明らかなように，帰還により，高域のしゃ断周波数は f_h の $(1 - A_0\beta_f)$ 倍となり，周波数特性が改善される．しかし，利得は $1/(1 - A_0\beta_f)$ になるから，利得帯域幅積は変わらない．低域の改善も同様に考えることができる．図 5.2 に周波数特性改善の様子を示す．

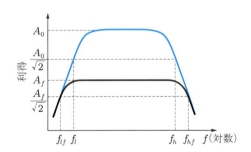

図 5.2　負帰還による周波数特性の改善

5.3.3 非直線ひずみの改善

一般に増幅回路の非直線ひずみは，振幅の小さな前段では発生せず，振幅の大きな後段で発生するから，図 5.3（a）のように，出力側にひずみ電圧 V_d が加わったものと考えればよい．負帰還によるひずみの軽減を調べるには，同図（b）のように増幅器 A_2

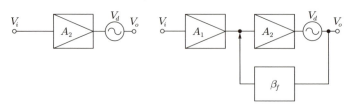

(a) ひずみのある増幅器　　（b) 帰還をかけた回路

図 5.3　帰還によるひずみの改善

に負帰還をかけ，その利得の減少分を前置増幅器 A_1 で補って，同一出力電圧 V_o が得られる回路で考察できる．したがって，A_1 は

$$|A_1| = |1 - A_2\beta_f| \tag{5.11}$$

の利得のある増幅器とすれば，同図（a）と（b）の回路は利得について等価である．同図（b）の回路でひずみ出力電圧を V_{od} とすれば，

$$V_{od} = V_d + A_2\beta_f V_{od}$$

$$V_{od} = \frac{V_d}{1 - A_2\beta_f} \tag{5.12}$$

であり，同一出力電圧 V_o に対するひずみ電圧は $1/(1 - A_2\beta_f)$ となり，ひずみは軽減される．

雑音に関しても同様な関係が成立し，図 5.3（b）のような回路構成にすれば，SN 比は向上する．

5.3.4　入出力インピーダンス

帰還をかけることによって，入出力インピーダンスは変化する．そして帰還方式により，入出力インピーダンスは大きくもなり，また小さくもなる．帰還をかける方式は，図 5.4 の 4 種類が考えられる．同図（a）は，出力端子と並列に帰還回路が入り，入力端子に直列に帰還がかけられるので，**並列直列注入帰還**（series-shunt feedback）とよび，同図（b），（c），（d）についても同様のよび方を用いることにする．一般的に，これら回路の入出力インピーダンスの変化の傾向は表 5.1 に示すようになる．図 5.4 の負帰還回路方式を，1 段増幅回路で実現したのが，図 5.5（a），（c），（d）と（e）の

表 5.1　負帰還による入出力インピーダンスの変化

注入帰還方式 インピーダンス	a. 並列直列	b. 直列直列	c. 並列並列	d. 直列並列
入力インピーダンス	増	増	減	減
出力インピーダンス	減	増	減	増

5.3 負帰還増幅器の利点

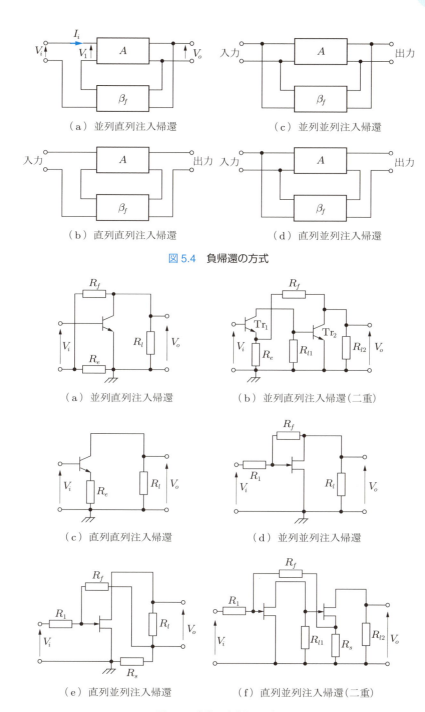

図 5.4 負帰還の方式

図 5.5 実際の負帰還回路

72　第 5 章　負帰還増幅回路

回路である．同図（a）と（e）を 1 段の回路で実現させると，入出力端子の 1 端，あるいは直流電源の 1 端が接地されないので，実際の回路としては使いがたく，具合が悪い．それゆえ，これらを 2 段増幅器としたのが，それぞれ同図（b）および（f）の回路である．同図（b）と（f）の回路では，R_e と R_s による帰還も同時にかかるので二重帰還といい，実際によく用いられる回路である．トランジスタは入力インピーダンスが低く，FET では高いので，負帰還をかけることにより，前者は高くなり，後者は低くなる．これらの図で直列注入方式をトランジスタで描き，並列注入方式を FET で描いて，区別をした．

(1)　直列注入帰還回路の入力インピーダンス

図 5.4（a）の原理図について，入力インピーダンス Z_{if} を求める．

$$Z_{if} = \frac{V_i}{I_i} = \frac{V_1 - \beta_f V_o}{I_i} = \frac{V_1}{I_i}\left(1 - \beta_f \frac{V_o}{V_1}\right) \tag{5.13}$$

V_o/V_1 は帰還のない場合の利得 A であり，V_1/I_i はその入力インピーダンス Z_i であるから，

$$Z_{if} = Z_i(1 - A\beta_f) \tag{5.14}$$

となり，入力インピーダンスは $(1 - A\beta_f)$ 倍に増加することになる．

(2)　並列注入帰還回路の入力インピーダンス

並列注入帰還回路の入力インピーダンスを求めるために，図 5.6（a）を用いて計算する．これは，図 5.5（d）の回路に対応するものである．図において，

$$Z_{if} = \frac{V_i}{I_i} = R_1 + \frac{V_1}{I_i} = R_1 + \frac{V_1}{I_1 + I_2} \tag{5.15}$$

である．帰還のない場合の入力インピーダンスを R_i，そして利得を A とすると，

$$\left.\begin{aligned} I_1 &= \frac{V_1}{R_i} \\ I_2 &= \frac{V_1 - V_o}{R_f} = \frac{V_1(1 - A)}{R_f} \end{aligned}\right\} \tag{5.16}$$

であるから，式 (5.16) を式 (5.15) に代入して

$$Z_{if} = R_1 + \frac{1}{\dfrac{1}{R_i} + \dfrac{1 - A}{R_f}} \tag{5.17}$$

となる．上式の第 2 項は，入力インピーダンス R_i に，$R_f/(1 - A)$ が並列に入ったこ

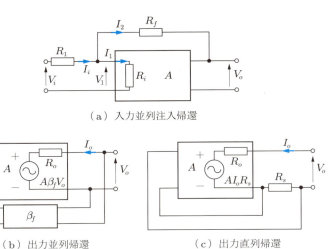

図 5.6 入出力インピーダンスを求める等価回路

とになり，入力インピーダンスが低下したことを示している．FET では $R_i \fallingdotseq \infty$ とおけるから，利得 A が十分大きければ，

$$Z_{if} \fallingdotseq R_1 \tag{5.18}$$

となり，入力インピーダンスは R_1 によって決められる．

(3) 出力並列帰還回路の出力インピーダンス

図 5.6(b) に，出力並列帰還回路の出力インピーダンスを求めるための等価回路を示す．これは，図 5.5(a) に対応するものである．図において

$$I_o = \frac{V_o - A\beta_f V_o}{R_o} \tag{5.19}$$

である．ここで，R_o は帰還のない場合の増幅器 A の出力インピーダンスである．帰還をかけた場合の出力インピーダンス Z_{of} は，

$$Z_{of} = \frac{V_o}{I_o} = \frac{R_o}{1 - A\beta_f} \tag{5.20}$$

となり，出力インピーダンスは，$1/(1 - A\beta_f)$ に低下する．

(4) 出力直列帰還回路の出力インピーダンス

図 5.6(c) は，出力直列帰還回路の出力インピーダンスを求める等価回路である．これは，図 5.5(c) に対応する．図において，

$$I_o = \frac{V_o - AI_o R_s}{R_o + R_s}$$

$$V_o = I_o \{R_o + R_s(1+A)\} \tag{5.21}$$

であるから，帰還をかけた場合の出力インピーダンス Z_{of} は，

$$Z_{of} = \frac{V_o}{I_o} = R_o + R_s(1+A) \tag{5.22}$$

となり，出力インピーダンスは，$R_s(1+A)$ が加わり増加する．

このように，4 方式について計算した結果は，表 5.1 と対応することがわかる．

5.4 帰還の安定性

増幅器は一般に周波数特性をもつから，多段増幅器に負帰還をかけた場合，ある周波数では位相が回転して，正帰還となる可能性がある．この場合，ループ利得 $A\beta_f$ は正であり，$A\beta_f = 1$ では一般式 (5.4) の分母が 0 となり，A_f は無限大となる．これは発振を意味する．$A\beta_f > 1$ では増幅の過渡期で $A\beta_f = 1$ になるから，発振し増幅器の動作が不安定となる．それゆえ，負帰還増幅器では，安定か不安定かを判別することが重要である．この方法の一つに，**ナイキストの安定判別法**（Nyquist stability criterion）がある．

$A\beta_f$ は一般に複素数であるから，$A\beta_f$ のベクトル軌跡を $\omega = 0$ から $\omega = \infty$ まで複素平面に描くと，一つの閉曲線となる．図 5.7 にその例を示す．同図（a）のような場合，$0 < \omega < \omega_1$ では $|1 - A\beta_f| > 1$ であるから負帰還であり，$\omega_1 < \omega < \infty$ では $|1 - A\beta_f| < 1$ で正帰還であるが，$\omega = \omega_0$，すなわち入力と同相の周波数において $A\beta_f < 1$ であるから，$A\beta_f = 1$ になることはない．それゆえ，発振の可能性はなく動作は安定である．同図（b）のような場合，$\omega = \omega_0$ で $A\beta_f > 1$ であるから，$A\beta_f = 1$

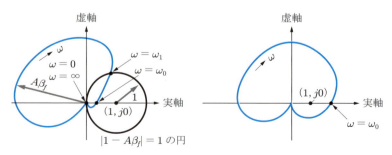

（a）安定な帰還の $A\beta_f$ の軌跡　　（b）不安定な帰還の $A\beta_f$ の軌跡

図 5.7　ナイキスト安定判別法

になる過程があり，発振するから不安定である．これらをまとめると，$A\beta_f$ の閉曲線が点 $(1, j0)$ を囲まなければ安定，囲めば不安定という結論となる．また，$A\beta_f = 1$ の発振については，第 6 章の発振回路で述べる．

5.5　負帰還回路の計算例

ここでは，最も簡単な，トランジスタを用いた図 5.5（c）の直列直列注入帰還増幅回路について計算をする．この回路は，通常のエミッタ接地 1 段増幅回路であるが，エミッタ抵抗 R_e に並列に入るバイパスコンデンサを入れていない．この等価回路を図 5.8 に示す．同図において，帰還のない場合の電圧増幅度 A_v は，

$$\left. \begin{array}{l} A_v = \dfrac{V_o}{V_1} = -\dfrac{I_c R_l}{R_i I_b} \\ R_i = r_b + \dfrac{r_e}{1-\alpha} = r_b + (1+\beta)r_e \\ I_c = \beta I_b \end{array} \right\} \tag{5.23}$$

の関係から，

$$A_v = -\frac{\beta R_l}{r_b + r_e(1+\beta)} \tag{5.24}$$

である．$\beta \gg 1$ として，

$$A_v = -\frac{\beta R_l}{r_b + \beta r_e} \tag{5.25}$$

となる．また，β_f は帰還電圧を V_f として，

$$\beta_f = \frac{V_f}{V_o} = \frac{I_e R_e}{I_c R_l} = \frac{I_e R_e}{\alpha I_e R_l} = \frac{R_e}{\alpha R_l} \fallingdotseq \frac{R_e}{R_l} \tag{5.26}$$

$$A_{vf} = \frac{A_v}{1 - A_v \beta_f}$$

から，

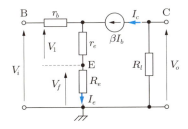

図 5.8　直列直列注入帰還のトランジスタ等価回路

$$A_{vf} = -\frac{\beta R_l}{r_b + (r_e + R_e)\beta} \tag{5.27}$$

である.

例題 5.1 電圧増幅回路において,入力電圧が 0.12 V のとき出力電圧が 36 V であり,ひずみが 10% あった.

（1）2% の負帰還をかけることにより,出力電圧はいくらになるか.

（2）負帰還をかけて 36 V の出力電圧を得るために,前置増幅器の利得はいくら必要か.

（3）ひずみは何 % に低下するか.

解答

（1）増幅度 $A = 36/0.12 = 300$,帰還率 $\beta_f = 0.02$ であるから,式 (5.4) に代入して,次式のようになる.

$$|A_f| = \frac{300}{1 + (300 \times 0.02)} \fallingdotseq 42.9$$

$$\therefore \quad V_o = 0.12 \times 42.9 = 5.15 \text{ V}$$

（2）前置増幅器の利得 A_1 は $|1 - A\beta_f|$ 倍あればよいから,$A_1 = 7$ となる.

（3）ひずみは $1/|1 - A\beta_f|$ に軽減されるから,10% の 1/7 すなわち 1.43% となる.

例題 5.2 図 5.8 の等価回路において,$r_b = 100\,\Omega$,$r_e = 10\,\Omega$,$R_e = 500\,\Omega$,$R_l = 2\,\text{k}\Omega$,および $\beta = 100$ として,利得と入力インピーダンスを求めよ.

解答

利得は,式 (5.27) より,

$$|A_{vf}| = \frac{100 \times 2 \times 10^3}{100 + (10 + 500) \times 100} \fallingdotseq 3.9$$

となる.入力インピーダンスは,式 (5.23) と式 (5.27) より,$R_i = r_b + (r_e + R_e)\beta$ となるから,次式のようになる.

$$R_i = 100 + (10 + 500) \times 100 = 51.1 \text{ k}\Omega$$

演習問題

5.1 電圧利得 $A_v = 16\angle 180°$ の増幅器に,25% の負帰還をかけた場合の利得を求めよ.

5.2 電圧利得 $A_v = 100\angle 180°$ の増幅器において,利得の変動率が 20% である.いま,10% の負帰還により変動率は何 % になるか.

5.3 演習問題 5.1 では,中域における利得を求めたが,帰還をかけない場合の高域しゃ断周波数 f_h における利得を計算せよ（ベクトル図を描き,三角形の余弦定理より求めよ）.

5.4 ソースホロワを負帰還増幅器の立場から考察せよ.

発振回路

 発振器

　電子機器（通信機，計測器，制御器，民生機器など）では，商用周波数のほかに，いろいろな周波数の交流を必要とするものが多い（表 6.1 参照）．たとえば，無線通信では，高周波の電波が必要である．これは，無線送信機の中の発振器によってつくられる．また，受信機においても，スーパヘテロダイン方式では，受信機内に発振器をもち，この周波数と受信周波数を混合して，中間周波数をつくり増幅する．トランジスタあるいは FET などのデバイスと，R, L および C の受動素子を用いて，外部から信号を加えることなしに，交流を発生させる回路を発振回路という．発振器は，発生する波形によって，**正弦波発振器**（sinusoidal wave oscillator）と，**し張発振器**（relaxation oscillator）に分類される．正弦波発振回路は，特定の周波数を選択するように構成されるが，その回路構成上から，4 端子発振器と 2 端子発振器にわけられる．4 端子型は，デバイスの増幅作用と受動素子による帰還回路が，正帰還増幅器を形成しており，帰還発振器または**反結合発振器**（back coupling oscillator）ともよばれる．また，周波数選択性の回路素子として，LC, RC および水晶などが用いられる．2 端子型は，エサキダイオードなどの負性抵抗素子と同調回路で構成され，負性抵抗発振器ともいう．し張発振器は，方形波あるいは，のこぎり波のような波形を発生する回路であり，第 11 章のパルス回路で述べる．

　発振回路は，もともと大振幅動作をする非線形の回路であるから，これを線形回路として，厳密な解析をすることは難しい．しかし，発振条件などの主要な特性は，増幅回路と同様に，小信号等価回路を用いて近似的に求められる．

表 6.1　各種発振器の周波数と主な用途

	周波数	主な用途
RC 発振器	低周波（超低周波〜数 MHz）	信号発生器
LC 発振器	高周波	無線機器・ラジオ・テレビ
水晶発振器	低周波・高周波	無線機器・コンピュータ・時計・民生機器・超音波機器

6.2 発振条件

帰還発振器の発振条件について述べよう．これは正帰還増幅器の特殊な場合と考えられるので，図 6.1 のモデルのような構成となる．この回路内に存在する雑音などの微小信号が増幅され，その出力の一部が入力に帰還される．雑音は無限大までの周波数成分を含むから，帰還される信号のなかで，入力と同相の成分が増幅され，より大きな出力となって再び入力側に戻る．これらを繰り返して振幅が増大するが，デバイスの非直線性により，その振幅は制限されて一定となり，発振が持続することになる．それゆえ，第 5 章の帰還増幅回路のところで述べたナイキストの安定判別条件で不安定と判定されると，これは発振が起こるための必要条件である．発振回路における発振条件は，この必要条件でなく，発振の持続条件である．これを**ナイキスト線図**（Nyquist plot）で説明しよう．

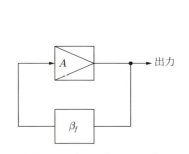

図 6.1　正帰還発振器のモデル　　図 6.2　ナイキスト線図による発振条件図

図 6.2 で，$A\beta_f$ の軌跡が点 $(1, j0)$ を囲むようであれば，すなわち $A\beta_f > 1$ であれば，電源スイッチをオンにすると，振幅が増大し一定となる過渡期において，必ず点 $(1, j0)$ と交わることになり，発振を起こす．それゆえ，$A\beta_f > 1$ は発振するための必要条件である．点 $(1, j0)$ と交わったときには，もはや増幅器としては動作せず，発振が持続することとなる．したがって，

$$A\beta_f = 1 \tag{6.1}$$

が**発振条件**（oscillation condition）となる．上式の左辺は，一般に複素数であるから，極座標で表して，

$$A\beta_f = |A\beta_f|\varepsilon^{j\theta}$$

とおくと，式 (6.1) の条件は，

$$|A\beta_f| = 1 \tag{6.2}$$

$$\theta = 0 \tag{6.3}$$

の二つの式で表される．これをナイキスト線図で示すと，式 (6.2) と式 (6.3) の条件は，$A\beta_f$ の軌跡における $\omega = \omega_0$ の点である．

いま，ω_0 に近い周波数 ω_1 の点を考えると，周波数により変わるのは θ であり，$|A\beta_f|$ はほとんど変化しない．したがって，$\theta = 0$ は周波数を決める条件，つまり周波数条件ということができる．また，$|A\beta_f|$ はループ利得の大きさであるから，式 (6.2) は増幅回路の所要増幅度を定める条件，すなわち**振幅条件**（amplitude condition）といえる．それゆえ，$A\beta_f$ を求め，これを 1 とおいて，虚数部を解けば**発振周波数**（oscillation frequency）が求められ，実数部を解くことにより振幅条件が得られる．

LC 発振回路

LC 発振回路は，周波数選択性の帰還回路が L と C で構成されている．図 6.3 のように，Z_1，Z_2，Z_3 の三つのインピーダンスを接続する．FET およびトランジスタについて，これらを簡略化した電流源等価回路で示すと図 6.4 となり，Z_i と Z_o はつぎの式で表される．

$$\text{FET：} \quad \frac{1}{Z_i} = \frac{1}{Z_1}, \quad \frac{1}{Z_o} = \frac{1}{r_d} + \frac{1}{Z_2} \tag{6.4}$$

$$\text{トランジスタ：} \quad \frac{1}{Z_i} = \frac{1}{Z_1} + \frac{1}{h_{ie}}, \quad \frac{1}{Z_o} = h_{oe} + \frac{1}{Z_2} \tag{6.5}$$

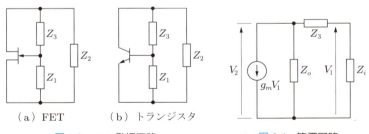

図 6.3　*LC* 発振回路　　　　図 6.4　等価回路

電流源からみた Z_o，Z_3，Z_i の合成インピーダンスを Z とすると，

$$A_v = \frac{V_2}{V_1} = -g_m Z \tag{6.6}$$

$$\beta_f = \frac{Z_i}{Z_3 + Z_i} \tag{6.7}$$

であり，発振条件は，式 (6.1) から，つぎの式で与えられる．

$$\frac{-g_m Z_o Z_i}{Z_o + Z_3 + Z_i} = 1 \tag{6.8}$$

FET の場合，式 (6.4) を上式に代入して，$\mu = g_m r_d$ の関係を用いると，

$$r_d(Z_1 + Z_2 + Z_3) + Z_1 Z_2 (1 + \mu) + Z_2 Z_3 = 0 \tag{6.9}$$

が得られる．いま，簡単のため，各インピーダンスはすべて純リアクタンスであるとすれば，この式が成立するためには，実数部＝0 および 虚数部＝0 でなければならないから，つぎの連立方程式が得られる．

$$\left. \begin{array}{ll} 実数部： & Z_1(1 + \mu) + Z_3 = 0 \\ 虚数部： & Z_1 + Z_2 + Z_3 = 0 \end{array} \right\} \tag{6.10}$$

これらの式を解いて，Z_1 と Z_2 を Z_3 で表すと，次式となる．

$$\left. \begin{array}{l} Z_1 = \dfrac{-Z_3}{1 + \mu} \\[2mm] Z_2 = \dfrac{-\mu Z_3}{1 + \mu} \end{array} \right\} \tag{6.11}$$

この結果から，発振条件として，Z_1 と Z_2 は同符号のリアクタンスであり，Z_3 とは異符号のリアクタンスでなければならない．すなわち，Z_3 が誘導性であれば，Z_1 と Z_2 は容量性，また Z_3 が容量性であれば Z_1 と Z_2 は誘導性という条件が必要である．さらに，それらの大きさは，$Z_2 = \mu Z_1$ および $Z_2 < Z_3$ である．

トランジスタの場合，式 (6.5) を式 (6.8) に代入し，h_{oe} が $1/h_{ie}$ と帰還回路のアドミタンスに比べて十分小さいとして h_{oe} を省略し，FET の場合と同様に計算すると，

$$\left. \begin{array}{l} Z_1 = \dfrac{-h_{fe} Z_3}{1 + h_{fe}} \\[2mm] Z_2 = \dfrac{-Z_3}{1 + h_{fe}} \end{array} \right\} \tag{6.12}$$

となり，式 (6.11) と同じ形となる．リアクタンスの符号に関しては，まったく同じであり，大きさについては $Z_1 = h_{fe} Z_2$ である．

6.3.1　ハートレー回路

図 6.3 の回路において，Z_1 と Z_2 を誘導性，Z_3 を容量性リアクタンスにした回路を，**ハートレー回路**（Hartley oscillator）という．図 6.5 に，その回路の原理図を示す．$Z_1 = j\omega L_1$，$Z_2 = j\omega L_2$ および $Z_3 = 1/j\omega C$ を式 (6.10) に代入して，虚数部＝0 から発振周波数を求めると，

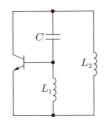

図 6.5 ハートレー回路

$$f = \frac{1}{2\pi\sqrt{(L_1 + L_2)C}} \tag{6.13}$$

となる．もし，L_1 と L_2 との間に相互インダクタンス M があれば，

$$f = \frac{1}{2\pi\sqrt{(L_1 + L_2 + 2M)C}} \tag{6.14}$$

となり，発振周波数は FET，トランジスタともに同じである．

振幅条件は，FET の場合，$Z_2 = \mu Z_1$ から，

$$\mu = \frac{L_2}{L_1} \tag{6.15}$$

であり，トランジスタの場合，$Z_1 = h_{fe} Z_2$ から，

$$h_{fe} = \frac{L_1}{L_2} \tag{6.16}$$

となる．

6.3.2 コルピッツ回路

図 6.3 において，Z_1 と Z_2 を容量性に，Z_3 を誘導性リアクタンスとしたのが，**コルピッツ回路**（Colpitts oscillator）である．図 6.6 に原理図を示す．ハートレー回路と同様に計算し，発振周波数を求めると，

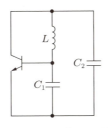

図 6.6 コルピッツ回路

$$f = \cfrac{1}{2\pi\sqrt{L\left(\cfrac{C_1 C_2}{C_1 + C_2}\right)}} \tag{6.17}$$

であり，振幅条件は，FET では $\mu = C_1/C_2$，トランジスタでは $h_{fe} = C_2/C_1$ となる．

これらのことから，上記の二つの回路の発振周波数は，LC 並列共振回路の共振周波数で発振することがわかる．実際の回路例を，図 6.7 および図 6.8 に示す．

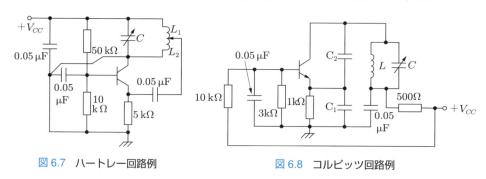

図 6.7　ハートレー回路例　　　　　　図 6.8　コルピッツ回路例

6.3.3　誘導結合型発振回路

この回路は変成器を用いて，出力信号の一部を入力に正帰還し，発振させる回路である．増幅部の位相が反転する図 6.9 のような回路では，変成器でさらに位相を反転させ，正帰還とする必要がある．

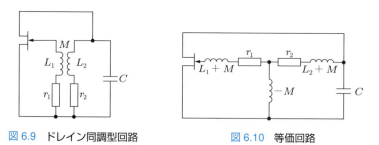

図 6.9　ドレイン同調型回路　　　　　　図 6.10　等価回路

並列共振回路は，入力側に接続しても，出力側に接続してもどちらでもよいが，ここでは出力側に共振回路を接続した，ドレイン同調型の回路について述べる．変成器を T 形の回路に変換すると，図 6.10 の等価回路となる．ここでゲート電流は流れないとする．実際には，発振は大振幅動作であるから，ゲート電流が流れることに注意されたい．同図のゲートの直列インピーダンスは，ゲート電流が流れないものとしたので短絡とみなす．したがって，この回路のインピーダンスは，

$$\left.\begin{array}{l} Z_1 = -j\omega M \quad (容量性) \\ Z_2 = \dfrac{1}{j\omega C} \\ Z_3 = r_2 + j\omega(L_2 + M) \end{array}\right\} \tag{6.18}$$

となり，前述のコルピッツ回路に相当する．これらの式を式 (6.9) に代入して，発振周波数と振幅条件を求めると，

$$f = \frac{1}{2\pi\sqrt{L_2 C}} \left(1 + \frac{r_2}{r_d}\right)^{1/2} \tag{6.19}$$

である．

一般に，$r_d \gg r_2$ であるから，

$$f = \frac{1}{2\pi\sqrt{L_2 C}} \tag{6.20}$$

となり，共振回路の共振周波数で発振することがわかる．

振幅条件は，

$$g_m = \frac{\mu r_2 C}{\mu M - L_2} \tag{6.21}$$

で与えられる．

RC 発振回路

***RC* 発振回路**（*RC* oscillator）は，*RC* を用いて移相回路を構成し，正帰還させる発振回路であり，主として低周波の発振器に使用される．この回路には，いろいろな型のものがあるが，代表的な回路について述べる．

6.4.1 移相型 *RC* 発振回路

図 6.11 の 1 段の**移相回路**（phase shift oscillator）では，Z_1 と Z_2 に R あるいは C を入れると，入力電圧 V_i と出力電圧 V_o の位相差は 90° 以下にしかならない．$Z_1 = 1/j\omega C$，$Z_2 = R$ の場合，入力電圧に対して出力電圧は進み，$Z_1 = R$，$Z_2 = 1/j\omega C$ にすると位相が遅れる．このため，位相を 180° 進ませるか，遅らせるためには，最小 3 段の *RC* 回路が必要である．

図 6.12 の移相回路について解析しよう．出力端子を開放したとき，a，b，c の各点における節点方程式は，キルヒホッフの電流則から，

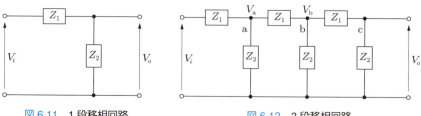

図 6.11　1 段移相回路　　　　図 6.12　3 段移相回路

$$\left. \begin{array}{ll} 点\,\mathrm{a} & \left(\dfrac{2}{Z_1}+\dfrac{1}{Z_2}\right)V_\mathrm{a}-\dfrac{1}{Z_1}V_\mathrm{b}=\dfrac{1}{Z_1}V_i \\[2mm] 点\,\mathrm{b} & \dfrac{1}{Z_1}V_\mathrm{a}-\left(\dfrac{2}{Z_1}+\dfrac{1}{Z_2}\right)V_\mathrm{b}+\dfrac{1}{Z_1}V_o=0 \\[2mm] 点\,\mathrm{c} & \dfrac{1}{Z_1}V_\mathrm{b}-\left(\dfrac{1}{Z_1}+\dfrac{1}{Z_2}\right)V_o=0 \end{array} \right\} \quad (6.22)$$

となる．この連立方程式を解いて，V_o/V_i を求めると，

$$\dfrac{V_o}{V_i}=\dfrac{1}{1+6\dfrac{Z_1}{Z_2}+5\dfrac{Z_1{}^2}{Z_2{}^2}+\dfrac{Z_1{}^3}{Z_2{}^3}} \qquad (6.23)$$

である．以下の考察で，V_i と V_o は，それぞれ移相回路の入力電圧，出力電圧を表す．発振回路を構成する場合，この移相回路を帰還回路とすれば，これに利得 A_v の増幅器をつければよい．この場合の β_f は，$\beta_f=V_o/V_i$ である．発振するためには $A_v\beta_f=1$ を満足すればよいから，$Z_1=1/j\omega C$，$Z_2=R$ とおくと，A_v を実数として，発振条件の式は，

$$\dfrac{A_v}{1+6\dfrac{1/j\omega C}{R}+5\dfrac{(1/j\omega C)^2}{R^2}+\dfrac{(1/j\omega C)^3}{R^3}}=1 \qquad (6.24)$$

となる．分母分子の実数部，虚数部をそれぞれ等しいとして，

$$虚数部 \quad 6\dfrac{1/j\omega C}{R}+\dfrac{(1/j\omega C)^3}{R^3}=0$$

から，

$$\left. \begin{array}{l} \omega=\dfrac{1}{\sqrt{6}\,CR} \\[2mm] f=\dfrac{1}{2\pi\sqrt{6}\,CR} \end{array} \right\} \qquad (6.25)$$

のように発振周波数が求められる．また，

実数部　$A_v = 1 + 5\dfrac{(1/j\omega C)^2}{R^2}$

から，前式の $\omega^2 C^2 R^2 = 1/6$ を代入して，

$$A_v = -29 \tag{6.26}$$

と所要増幅度が求められる．すなわち，利得が 29 で逆相増幅器を用いれば，目的が達せられる．通常，FET およびトランジスタ 1 段のソース，あるいはエミッタ接地増幅回路でよい．

つぎに，$Z_1 = R$，$Z_2 = 1/j\omega C$ にすると，これは**遅相型**（phase lag）移相発振回路といわれるものである．前記と同様に計算すると，

$$\left.\begin{array}{l}\omega = \dfrac{\sqrt{6}}{CR} \\[2mm] f = \dfrac{\sqrt{6}}{2\pi CR}\end{array}\right\} \tag{6.27}$$

となり，発振周波数は**進相型**（phase lead）といくらか異なるが，所要増幅度は

$$A_v = -29 \tag{6.28}$$

であり，同じ値である．図 6.13 に進相型と遅相型の原理図を示す．

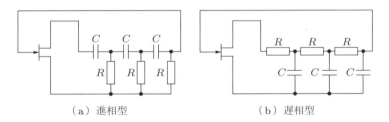

（a）進相型　　　　　　　　　　（b）遅相型

図 6.13　移相型発振回路

6.4.2　ターマン発振回路

図 6.14 に**ターマン発振回路**（Terman oscillator）の原理図を示す．この回路は，つぎの節に述べるウィーンブリッジ発振回路の原形と考えられる．

この移相回路は，ある特定の周波数で，入力電圧と出力電圧の位相差が 0 となる回路である．それゆえ，増幅器としては，同相増幅器が必要である．このために，ソースあるいはエミッタ接地の 2 段増幅回路が用いられる．

同図において，$1/\omega C_1 = X_1$，$1/\omega C_2 = X_2$ とおいて，$\beta_f = V_o/V_i$ を求めると，

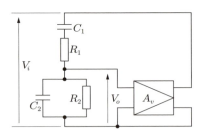

図 6.14　ターマン発振器原理図

$$\beta_f = \cfrac{1}{1 + \cfrac{R_1}{R_2} + \cfrac{X_1}{X_2} + j\left(\cfrac{R_1}{X_2} - \cfrac{X_1}{R_2}\right)} \tag{6.29}$$

が得られる．$A_v\beta_f = 1$ の条件式から，虚数部 $= 0$ として発振周波数を求めると，

$$\frac{R_1}{X_2} = \frac{X_1}{R_2}$$

$$\omega = \sqrt{\frac{1}{C_1 C_2 R_1 R_2}} \tag{6.30}$$

となる．いま，$R_1 = R_2 = R$，$C_1 = C_2 = C$ とすると，発振周波数は，

$$f = \frac{1}{2\pi CR} \tag{6.31}$$

で与えられ，所要増幅度 A_v は，

$$A_v = 1 + \frac{R_1}{R_2} + \frac{X_1}{X_2}$$

から，

$$A_v = 3 \tag{6.32}$$

となる．

6.4.3　ウィーンブリッジ発振回路

ウィーンブリッジ発振回路（Wien bridge oscillator）は，ターマン発振回路に抵抗 R_3 と R_4 を用い，負帰還をかけたものである（図 6.15 参照）．帰還回路がウィーンブリッジを構成するので，この名称でよばれている．同図から明らかなように，増幅器の出力は RC 移相回路で，正帰還となるベース端子に，また，R_4 により負帰還となるエミッタ端子に帰還される．正帰還の β_f は前述のターマン発振回路と同じであるから，式 (6.31) と式 (6.32) が適用される．

一方，負帰還増幅回路として考えると，2 段増幅器であるから，利得は 1 より十分

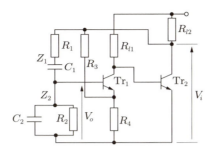

図 6.15　ウィーンブリッジ発振回路原理図

大きい．それゆえ利得は，ほぼ $1/\beta_f$ で与えられ，

$$\beta_f = \frac{R_4}{R_3 + R_4} \tag{6.33}$$

である．全体として考えると，振幅条件は，$C_1 = C_2 = C$，$R_1 = R_2 = R$ の場合，

$$A_v = 3 = \frac{R_3 + R_4}{R_4} \tag{6.34}$$

となる．実際は，$A_v = 3$ では発振しないので，少し多くする必要がある．

これまで述べたように，ウィーンブリッジ発振回路は負帰還がかけられているので，発振が安定であり，また，ひずみの少ない正弦波が得られる．したがって，低周波発振器として多く用いられており，実際の回路例を図 6.16 に示す．

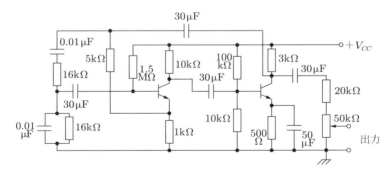

図 6.16　ウィーンブリッジ発振回路例（$f \fallingdotseq 1\,\mathrm{kHz}$）

6.5　水晶発振回路

これまで学んできた発振回路は，周波数選択素子として，LCR を用いて構成されているが，それらの周波数安定度（周波数変化分/発振周波数）は，一般に 10^{-4} 程度である．この原因としては，周囲温度の変化による受動素子およびデバイスの定数の変

動，電源電圧の変動によるデバイスの定数の変化，さらに負荷の変化が発振回路に与える影響などが考えられる．

発振器が実際に使用される場合，周波数の許容偏差が決められている．たとえば，無線送信設備から発射される電波の質が電波法で決められている．これによると，$10^{-5} \sim 10^{-7}$ 程度の安定度が要求されている．また，周波数測定器などでは，10^{-9} 程度の安定度が必要である．

このような安定度を得るために，**水晶振動子**（crystal oscillator）を発振回路に用いることが考えられた．水晶振動子は機械振動子の一つであるが，その**圧電現象**（piezoelectric phenomena）を利用して 10^{-6} 程度の安定度を得ることは容易である．さらに各種の補償を用いて，10^{-9} 程度の安定度が得られる．

近年，水晶振動子はきわめて小型に製作されるようになり，また位相同期ループ回路の IC 化が急速に進歩したため（6.5.6 項参照），**周波数シンセサイザ**（frequency synthesizer）方式によって，1 個の水晶振動子を用いて，数多くの周波数をつくることが可能となった．それゆえ，これまで LC 発振器が使用されていたところに，水晶発振器が用いられるようになり，水晶振動子の需要は急激に増加している．

6.5.1 水晶振動子の性質

水晶は，二酸化ケイ素（SiO_2）のいわゆる六方晶形結晶（図 6.17 参照）で圧電現象を呈する．すなわち，外部から圧力を加えると，表面に電荷を生じ，逆に電界中に入れると，電界の強さに応じたひずみを生じる．水晶は弾性的性質をもっているので，その固有振動は主として，水晶の質量と**コンプライアンス**（compliance, **スチフネス係数**（stiffness）の逆数）によって決められる．この固有振動と同一の周波数の電界を加えると共振を起こし，電気回路の LC 共振回路と等価になる．等価回路を図 6.18 に示す．ここで，L は質量に，C はコンプライアンスに，また R は機械的損失に相当

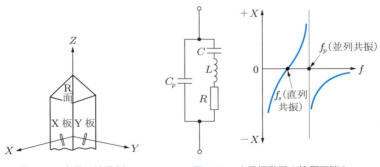

図 6.17　水晶の結晶形　　　図 6.18　水晶振動子の等価回路とインピーダンス特性

し，C_p は電極間の容量である．抵抗 R はきわめて小さいので，等価回路の Q は非常に大きく，$10^4 \sim 10^5$ 程度の値になる．一般の LC 共振回路の Q が数十〜数百であるから，水晶振動子の Q がいかに大きいかがわかる．

水晶振動子に電極をつけて周波数特性を測定すると，図 6.18 に示すようなリアクタンス特性を示す．同図では直列共振周波数 f_s と，並列共振周波数 f_p はかなり離れて記入されているが，実際は f_s と f_p はきわめて接近しており，この区間だけ誘導性となる．$R = 0$ として f_s と f_p を求めると，

$$f_s = \frac{1}{2\pi\sqrt{LC}} \tag{6.35}$$

$$f_p = \frac{1}{2\pi\sqrt{LCC_p/(C+C_p)}} = f_s\sqrt{1 + \frac{C}{C_p}} \tag{6.36}$$

である．さらに，$C/C_p \ll 1$ とすれば，

$$f_p = f_s\left(1 + \frac{C}{2C_p}\right) \tag{6.37}$$

となる．f_p と f_s の差 Δf は，f_s に対して大体 0.1% ぐらいである．この範囲では周波数がわずかに変化しても，リアクタンスの値は大きく変化する．このことは重要な性質である．

水晶振動子を製作するには，水晶の結晶から薄片として切り取らなければならない．この場合，図 6.17 に示すような結晶形で，X，Y，Z の座標軸が用いられ，X 軸に垂直な方向に切り取った板を X 板，Y 軸に垂直に切り取った板を Y 板，さらに，その他いろいろな角度で切り取った板について，それぞれ R 板や GT 板，AT 板などの名称がつけられている．これらは，温度に対する周波数の変化（水晶の温度係数という）が異なる．水晶振動子の振動モードについては，厚みすべり振動，輪かく振動，および屈曲振動があり，図 6.19 に，わかりやすいようにこれらを誇張して描いてある．特殊なものとして，水晶時計に使用されている水晶片は，音さ形に切り取り，この屈曲振動を利用して，32 768 Hz を発振させ，2^{15} 分周して正確な 1 秒を得ている．図 6.20 にこれを示す．

6.5.2 ピアス回路

図 6.21 は，**ピアス回路**（Pierce oscillator）である．同図（a）は，水晶振動子をゲート・ソース間に接続したもので，真空管の時代にはピアス GK とよばれた．FET ではピアス GS 回路とよび，トランジスタではピアス BE 回路という．この回路は水晶振動子は誘導性であり，そして C_{gd} があるから，LC 発振回路のハートレー回路に相当す

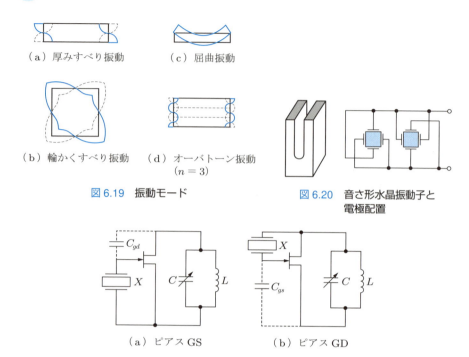

図 6.19　振動モード

図 6.20　音さ形水晶振動子と電極配置

図 6.21　FET ピアス回路

る．ドレイン側の LC 共振回路は，発振周波数に対して，誘導性でなければならない．そのために，共振回路の共振周波数を発振周波数よりいくぶん高く調整する必要がある．同図（b）の回路は，ピアス GD（ピアス BC）とよばれる回路である．同図から明らかなように，この回路は LC 発振回路のコルピッツ回路に相当する．ドレイン側の LC 共振回路は発振周波数に対して，容量性でなければならない．そのために，共振回路の共振周波数を発振周波数よりいくぶん低く調整する必要がある．図 6.22 に，トランジスタ・ピアス BE 回路の 1 例を示す．

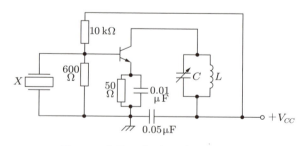

図 6.22　トランジスタ・ピアス BE 回路

6.5.3 無調整回路

ピアス回路は，並列共振回路を用いているので，共振点付近のインピーダンスは大きい．そのため，出力が大きくとれるが，水晶を他の周波数に切り換えるたびに，共振回路の調整が必要になる．ピアス GD 回路は，ドレイン側が容量性であれば発振するので，ドレイン・ソース間に適当なコンデンサを接続して，容量性とする．このような回路は，水晶を取り換えても発振するから，**無調整回路**という．図 6.23 に原理図を示す．

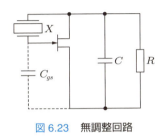

図 6.23　無調整回路

6.5.4 高調波発振器

水晶の固有振動数はその寸法によって決まるから，高い周波数の水晶片では厚さが極端に薄くなって，強度的に弱くなり，強い電界をかけると破壊されるので，あまり高い周波数のものは製作できない．一般には 20 MHz 程度が限度である．これ以上の周波数が必要な場合，周波数逓倍回路を用いて高調波を取り出すか，あるいは水晶振動子を**オーバトーン振動**（over tone oscillation）させて，所要の周波数を得る方法がとられる．

図 6.19（d）に，オーバトーン振動のモードを示した．同図（a）と比較してみると明らかなように，オーバトーン振動は，基本周波数の奇数倍での振動しかあり得ない．一般に 3〜7 倍の振動が用いられている．図 6.24 に，実際のオーバトーン発振回路を示す．同図において，LC 共振回路の共振周波数は，水晶の基本周波数 f の n 倍（奇数倍）にとる．そして，強制的に nf を帰還させ発振を起こさせるのである．

オーバトーンを送信機などの原発振器に用いた場合，**周波数逓倍回路**（frequency multiplier）を用いて取り出した高調波信号と異なり，水晶の基本波成分はまったく含まれない（周波数逓倍回路で得た信号の中には，基本波とその高調波が含まれる）．しかし，水晶を基本周波数で発振させ，これを n 逓倍した高調波との間には，いくらかのずれがあることに注意を要する．

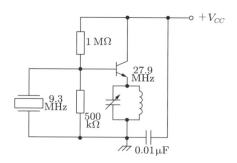

図 6.24　オーバトーン発振回路

6.5.5　電圧制御水晶発振回路

　水晶発振器の周波数は，一般に水晶の回路に並列，あるいは直列に可変容量を接続し，これを変えることによって，発振周波数をわずかではあるが変化できる．この可変容量に可変容量ダイオードなどを用い，ダイオードに加える電圧を変化させて，発振周波数を制御することができる．このように，外部から制御電圧を加えて，発振周波数を制御する回路を一般に，**電圧制御発振器**（voltage controlled oscillator，**VCO**）という．図 6.25 に例を示す．

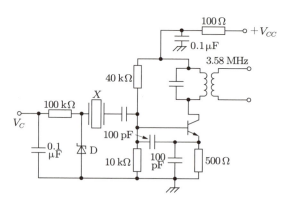

図 6.25　電圧制御水晶発振回路（D：バリキャップ）

6.5.6　PLL 水晶発振回路

　この水晶発振回路は，**位相同期ループ**（phase-locked loop，**PLL**）の原理を用い，広い範囲にわたり，必要な発振周波数が得られる回路である．

　はじめに，PLL の原理を説明しよう．図 6.26 にそのブロック図を示す．この回路は，**位相比較器**（phase comparator，**PC**），**低域フィルタ**（low-pass filter，**LPF**）お

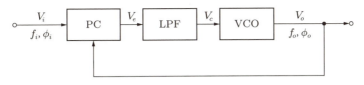

図 6.26　PLL のブロック図

および電圧制御発振器（VCO，6.5.5 項参照）で帰還ループを構成する．同図の PC は，入力信号と VCO の出力信号との周波数差 $f_i - f_o$ および位相差 $\phi_i - \phi_o$ を検出し，それに対応して信号電圧 V_e を発生する．この V_e は LPF を経て，高周波成分と雑音が除かれ出力電圧 V_c となる．この V_c は VCO に与えられ，入力と出力の周波数差 $f_i - f_o$ が小さくなるように，VCO を制御する．つまり，負帰還によって周波数が自動制御される．出力周波数 f_o が入力周波数 f_i と一致したとき，PLL はロックされた状態にあるという．

PLL の原理を水晶発振器に用いると，図 6.27 のような発振回路が構成される．まず，周波数安定度の高い水晶発振器が，基準信号（周波数 f_i）を発生する．PLL がロックされると，PC の二つの入力周波数の間には，

$$f_1 = f_2 \tag{6.38}$$

が成立する．また，帰還回路に，$1/N$ とする**分周器**（frequency demultiplier, FD）が入っているから，

$$f_2 = \frac{1}{N} f_o \tag{6.39}$$

である．したがって，式 (6.38) と式 (6.39) から，

$$f_o = N f_2 = N f_1 \tag{6.40}$$

となる．また，$1/M$ にする分周器では，

$$f_1 = \frac{1}{M} f_i \tag{6.41}$$

であり，式 (6.41) を式 (6.40) に代入すると，

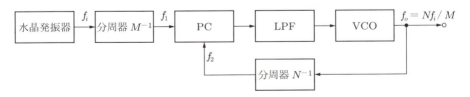

図 6.27　PLL 水晶発振回路原理図

$$f_o = N f_1 = \frac{N}{M} f_i \tag{6.42}$$

が得られる. ここで, M と N は整数である.

　水晶発振器の発振周波数 f_i は非常に安定しているから, 出力信号の周波数 f_o もきわめて安定したものになる. また, f_i/M をある値に設定し, N の値を変化させれば, 広い範囲にわたり, 離散的な周波数 f_o の安定した発振出力が得られる. このような発振回路は, 一般に周波数シンセサイザとよばれる.

　この技術により, 1 個の水晶振動子で, 多数の安定な周波数が得られるので, 無線送信機器やパソコンに広く利用されている.

例題 6.1 図 6.5 のハートレー回路で, $L_1 = 50\,\mu\mathrm{H}$, $L_2 = 5\,\mu\mathrm{H}$ のとき, 1 MHz を発振させるには, C の値をいくらにすればよいか. ただし, 相互インダクタンスはないとする.

解答

式 (6.13) より, 次式のようになる.

$$C = \frac{1}{4\pi^2 f^2 (L_1 + L_2)}$$

$$\therefore \quad C = \frac{1}{4 \times 3.14^2 \times 10^{12} \times (50 + 5) \times 10^{-6}} \fallingdotseq 461\,\mathrm{pF}$$

例題 6.2 図 6.13 (a) の移相回路において, $C = 0.01\,\mu\mathrm{F}$ で発振周波数を 1 kHz にするためには, R の値をいくらにすればよいか.

解答

式 (6.25) を変形して, 次式のようになる.

$$R = \frac{1}{2\pi f C \sqrt{6}} = \frac{1}{6.28 \times 10^3 \times 0.01 \times 10^{-6} \sqrt{6}} \fallingdotseq 6.5\,\mathrm{k\Omega}$$

例題 6.3 水晶振動子の等価回路の図 6.18 において, $L = 5\,\mathrm{mH}$, $C = 0.2\,\mathrm{pF}$, $C_p = 50\,\mathrm{pF}$ である. 直列共振周波数 f_s と並列共振周波数 f_p を求め, $f_p - f_s = \Delta f$ が f_s の何 % になるか計算せよ.

解答

式 (6.35) から,

$$f_s = \frac{1}{6.28 \sqrt{5 \times 10^{-3} \times 0.2 \times 10^{-12}}} = \frac{10^8}{6.28 \sqrt{10}} = 5\,035.5\,\mathrm{kHz}$$

となる. また, 式 (6.36) より,

$$f_p = \cfrac{1}{6.28\sqrt{\cfrac{5 \times 10^{-3} \times 0.2 \times 10^{-12} \times 50 \times 10^{-12}}{(0.2 + 50) \times 10^{-12}}}} = \cfrac{10^7}{6.28\sqrt{\cfrac{5}{50.2}}}$$

$$= 5\,045.5 \text{ kHz}$$

となる．したがって，次式のようになる．

$$\Delta f = 5\,045.5 - 5\,035.5 = 10 \text{ kHz}$$

$$\therefore \quad \frac{\Delta f}{f_s} = \frac{10}{5\,035.5} = 0.20\%$$

演習問題

6.1 LC 発振器における周波数変動の主な原因を述べよ．

6.2 LC 発振器でコンデンサ C の容量が 1% 増加したとき，発振周波数は何 % 低下するか．

6.3 図 6.6 のコルピッツ回路において，$L = 10\,\mu\text{H}$，$C_1 = 50\,\text{pF}$，$C_2 = 250\,\text{pF}$ のとき，発振周波数を求めよ．

6.4 図 6.15 のウィーンブリッジ発振回路において，$C_1 = C_2 = 0.02\,\mu\text{F}$，$R_1 = R_2 = 32\,\text{k}\Omega$ のとき，発振周波数を求めよ．

6.5 ベース・アース間に水晶を入れた無調整回路の原理図を描け．

6.6 図 6.15 のウィーンブリッジ発振回路で，R_3 にサーミスタがよく用いられている．理由を述べよ．

6.7 水晶振動子の直列共振周波数と並列共振周波数について述べよ．

6.8 水晶振動子のオーバトーン振動について述べよ．

第7章 電力増幅回路

7.1 電力増幅器

増幅器は，電圧や電流を増幅するものであっても，本質的には電力増幅器であるが，ここでは，ステレオ装置などのスピーカを駆動するために用いる低周波電力増幅器や，無線送信機からアンテナに高周波電力を送るための電力増幅器など，比較的大振幅の動作をする増幅回路について述べる．

電力増幅器は，電力効率がよく，ひずみが少なく，また高出力が要求される．大振幅動作であるため，線形等価回路による解析は難しいので，デバイスの特性曲線を用いて，図式的に解析する方法がとられる．電力増幅回路は，デバイスのバイアスのかけ方によって，**A級**（class A），**B級**（class B）および**C級**（class C）にわけられるので，これらについて述べる．

7.2 A級電力増幅回路

A級電力増幅回路は，主として低周波電力増幅器に用いられる．FETでは，V_GとI_Dの伝達特性曲線の直線部分の中央に，トランジスタでは，I_BとI_C曲線の直線部分の中央に，それぞれ動作点（バイアス電圧とバイアス電流）を設定する．A級は電力効率は悪いが，ひずみが少ない電力増幅回路である．

図7.1のトランジスタを用いたスピーカ駆動の回路について，電力効率を求めよう．一般に，スピーカのボイスコイルのインピーダンスは数Ωから十数Ωであるから，インピーダンス変成をするために，n_1/n_2の変成器を用いる．ボイスコイルのインピーダンスをR_Lとすれば，トランジスタの負荷R_lは，

$$R_l = \left(\frac{n_1}{n_2}\right)^2 R_L \tag{7.1}$$

となる．

図7.2に，使用するトランジスタの出力特性を示す．この特性曲線上のP_{cm}の曲線は，トランジスタの許容コレクタ損失で，この曲線の右上方は使用できない．負荷抵

7.2 A級電力増幅回路

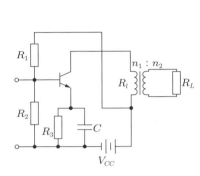

図 7.1　A級電力増幅回路

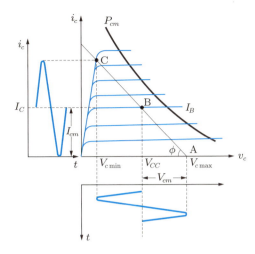

図 7.2　A級電力増幅動作図

抗 R_l に相当する交流負荷線 AC は，$\phi = \cot^{-1} R_l$ の傾きをもつ．この負荷線が2等分されるように，バイアス電流 I_B が設定され，動作点はBとなる．トランジスタでは $V_{c\min}$ はきわめて小さいので，同図からわかるように，振幅 V_{cm} は，ほぼ電源電圧一杯に振らすことができる．ここで，コレクタの直流入力は $V_{CC} I_C$，そして交流出力は，$(V_{cm}/\sqrt{2}) \times (I_{cm}/\sqrt{2}) = V_{cm} I_{cm}/2$ となるから，電力効率 η は，

$$\eta = \frac{\text{交流出力}}{\text{直流入力}} = \frac{V_{cm} I_{cm}}{2 V_{CC} I_C} \tag{7.2}$$

で与えられ，振幅を最大にした場合には，

$$V_{cm} \fallingdotseq V_{CC}$$
$$I_{cm} \fallingdotseq I_C$$

とおけるから，最大出力 $P_{o\max}$ と η は，

$$\left. \begin{array}{l} P_{o\max} = \dfrac{1}{2} V_{CC} I_C \\ \eta = \dfrac{1}{2} \end{array} \right\} \tag{7.3}$$

で与えられ，効率は 50% となる．しかし，実際は 50% 以下である．

7.3 B級電力増幅回路

B級電力増幅は，バイアス電圧あるいは電流を，カットオフ点に設定する．したがって，デバイスの出力回路には，無信号の場合，電流は流れない．いま，トランジスタをnpn型とすれば，入力信号の正の半サイクルのときだけコレクタ電流が流れ，出力は半波の形となるから，図7.1のような回路では使用できない．このため，高周波増幅回路では，負荷に共振回路を用い，そこの振動電流を利用して，残りの半波をつくる．また，低周波増幅回路では，2個のデバイスを**プッシュプル**（push-pull，PP）に接続することにより，入力信号と同じ波形の出力信号を得る方法がとられる．

7.3.1 B級高周波電力増幅回路

図7.3は，トランジスタを用いた無線送信機のB級およびC級電力増幅回路である．R_L はアンテナ回路のインピーダンスを表し，1次側は信号周波数に共振している．コレクタ電流 i_c は図7.4に示すように，B級では半周期の間しか流れない．この電流の流れる期間を角度で表し，これを**流通角**（flow angle）という．B級の流通角は180°である．

図7.4（a）に示すコレクタ電流の波形における平均値（直流値）I_C は，i_c が半波波形であるから

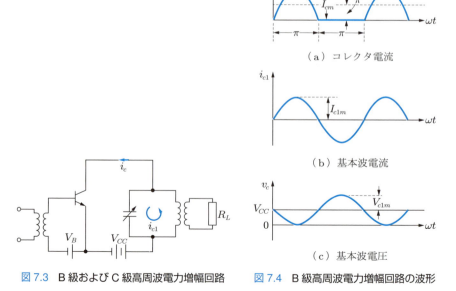

図7.3 B級およびC級高周波電力増幅回路　　図7.4 B級高周波電力増幅回路の波形

$$I_C = \frac{I_{cm}}{\pi} \tag{7.4}$$

となり，半波波形に含まれる基本波の振幅 I_{c1m} は，フーリエ級数に展開したときの2項目で与えられるから（同図（b）参照），

$$I_{c1m} = \frac{I_{cm}}{2} \tag{7.5}$$

である．したがって，I_C は，

$$I_C = \frac{2I_{c1m}}{\pi} \tag{7.6}$$

となる．共振回路には，振幅 I_{c1m} の電流が流れ，そして共振していれば，コレクタ電圧の波形は同図（c）のような正弦波となる．

電力効率 η は，

$$\eta = \frac{V_c I_c}{V_{CC} I_C} = \frac{V_{c1m} I_{c1m}/2}{2V_{CC} I_{c1m}/\pi} = \frac{\pi V_{c1m}}{4V_{CC}} \tag{7.7}$$

であり，トランジスタの場合，$V_{c1m} \fallingdotseq V_{CC}$ が成り立つので，

$$\eta \fallingdotseq \frac{\pi}{4} = 78.5\% \tag{7.8}$$

となり，A級より，かなり効率がよくなることがわかる．

7.3.2 B級プッシュプル低周波電力増幅回路

プッシュプル増幅回路は，2個のデバイスを対称に接続し，互いに逆相で動作するようにした回路である．このように接続すると，入力振幅が大きい場合，A級シングル回路よりも，ひずみの少ない大きな出力が得られる．図 7.5 は，FET を用いた B 級プッシュプル回路である．中間タップ付きの入力変成器を用いて，両方のゲートに等振幅逆相の電圧を加える．出力変成器の 1 次側は，中点から方向反対で等振幅の電流が流れ，2 次側に入力と同じ波形の出力電圧が得られる．出力変成器は，インピーダンス整合と，平衡出力を不平衡出力に変換する役目を果たす．

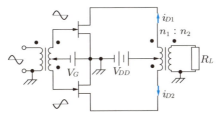

図 7.5　FET B 級 PP 回路

図 7.6 において，B 級動作であるから，ドレイン特性の点 B（カットオフ点）に対して対称につないだ特性曲線となり，AA′ が負荷線となる．ドレイン直流電流 I_D は，正弦波の平均値であり，

$$I_D = \frac{2I_{Dm}}{\pi} \tag{7.9}$$

となる．

交流出力は $V_{Dm}I_{Dm}/2$ であるから，電力効率 η は，

$$\eta = \frac{V_{Dm}I_{Dm}/2}{2V_{DD}I_{Dm}/\pi} \tag{7.10}$$

である．V_{Dm} を直流電圧 V_{DD} 一杯に振らせれば，

$$\eta \fallingdotseq \frac{\pi}{4} = 78.5\% \tag{7.11}$$

となる．

プッシュプル増幅回路はシングル増幅回路に比べて，つぎの利点がある．
　①出力変成器に流れる直流分は，大きさが等しく方向は反対であるから，磁束が打ち消されて，鉄心の直流磁化飽和がなくなり，これによるひずみがない．
　②偶数次の高調波が打ち消されるので，ひずみが少なくなる．

トランジスタ B 級プッシュプル回路では，0 バイアスで動作させると，振幅の小さいところで，図 7.7 に示すような，ひずみを生じる．これを，**クロスオーバひずみ**（crossover distortion）という．これは，V_{BE}-I_C 特性で 0 に近いところは，きわめてわずかな電流しか流れないので，入力電圧と出力電流波形が変わるために発生する．これを避けるため，無信号のときにも少しバイアス電流を流しておけばよい．さらに，

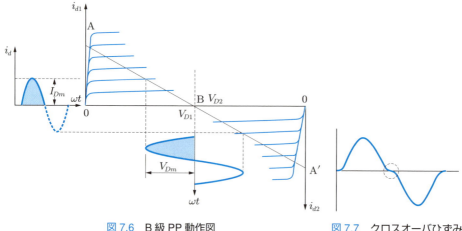

図 7.6　B 級 PP 動作図　　　　　　　　　図 7.7　クロスオーバひずみ

これを増加させて，A級に近づけたものを**AB級**（class AB）という．

 位相反転回路

プッシュプル増幅回路では，入力信号として等振幅逆相の二つの信号が必要である．そのため，図7.5では中間タップ付きの入力変成器を用いた．しかし，低周波の変成器は，周波数特性も悪く経済的でもない．そのため，デバイスを用いて，上記二つの信号を得る回路を**位相反転回路**（phase splitter）という．

図7.8に，1個のFETを用いた例を示す．この回路は，ドレイン電流とソース電流は等しく，$R_d = R_s$ とすれば，ドレイン側出力電圧とソース側出力電圧は逆相であるから，等振幅逆相の二つの出力が得られる．これを，結合コンデンサ C_1 と C_2 を通してプッシュプル回路の入力に加えればよい．最も簡単にできるが，端子aとbからみた出力インピーダンスはいくらか異なる．

図7.9は，2個のトランジスタを用いた位相反転回路である．この回路では，Tr_1 のコレクタ出力を Tr_2 のエミッタホロワを通して一つの信号を得るようになっている．そして，両方ともエミッタホロワであるから，出力インピーダンスが等しくなる．これらの二つの回路は，ともに電圧利得がないので，前段でプッシュプル回路を駆動するのに必要な利得がなければならない．

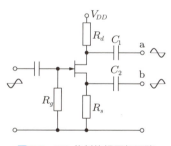

図 7.8　DS 分割位相反転回路

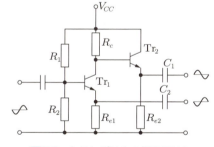

図 7.9　トランジスタ2個を用いた位相反転回路

 OTL 回路

OTL 回路（output transformerless circuit, OTL circuit）とは，出力変成器を使用しない回路のことである．プッシュプル回路では変成器を必要とするが，入力変成器と同様の理由で使用しないほうが望ましい．それゆえ考えられたのが，図7.10の **SEPP 回路**（single-ended push-pull circuit）である．このような回路構成にすると，同図

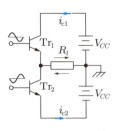 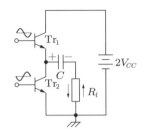 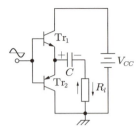

図 7.10　SEPP 回路　　図 7.11　単電源 SEPP 回路　　図 7.12　コンプリメンタリ SEPP 回路

から明らかなように，プッシュプル動作ができる．しかし，インピーダンス変成ができないから，インピーダンスの低いスピーカが負荷の場合，インピーダンスの低いトランジスタが用いられる．図 7.10 では直流電源が 2 個必要であり，実用上不便である．そのため，コンデンサの充電電圧を利用し，1 個の電源で間に合うようにしたのが，図 7.11 の回路である．B 級動作において，Tr_1 が導通しているとき，Tr_2 がしゃ断しているから，コンデンサ C は負荷 R_l を通して充電される．つぎの半周期で，Tr_1 がしゃ断，Tr_2 が導通となるから，コンデンサ C の電荷は Tr_2 を通り R_l に流れる．つまり，C の容量が十分大きく，半周期の間コンデンサの端子電圧があまり降下しなければ，電源の役目をすることになる．

トランジスタには，pnp 型と npn 型の 2 種類あるから，これらを利用し，位相反転回路を用いないで，プッシュプル動作させる興味深い回路がある．図 7.12 にこれを示す．この回路は，**相補対称プッシュプル回路**（complementary-symmetry push-pull circuit）とよばれる．特性がまったく等しい npn と pnp トランジスタを用いる．入力信号の正の半サイクルで，npn 型の Tr_1 が動作し，pnp 型の Tr_2 はしゃ断となる．つぎの負の半サイクルでは，この逆となるので，プッシュプル動作することになる．この回路は，ステレオ装置の電力増幅器や，第 10 章で述べるオペアンプ IC の出力回路などに広く用いられる．

7.6　C 級高周波電力増幅回路

B 級における流通角 θ は $180°$ であったが，さらに深くバイアスをかけて，$\theta < 180°$ とするのが C 級である．それゆえ，出力の電流波形は入力信号の波形と著しく異なり，また波形がひずむので，多くの高調波を含む．このため，負荷の並列共振回路を入力信号周波数に同調させた高周波電力増幅器や，高調波に負荷共振回路を同調させた周波数逓倍器に使われる．

図 7.13 に，C 級増幅回路の電圧と電流波形を示す．同図から，

$$i_c = I_{cm}\left(\cos\omega t - \cos\frac{\theta}{2}\right) \qquad \left(-\frac{\theta}{2} < \omega t < \frac{\theta}{2}\right) \tag{7.12}$$

であり，コレクタ電流の平均値（直流分）は，

$$I_C = \frac{1}{2\pi}\int_0^{2\pi} i_c\, d(\omega t) = \frac{I_{cm}}{\pi}\int_0^{\theta/2}\left(\cos\omega t - \cos\frac{\theta}{2}\right)d(\omega t)$$
$$= \frac{I_{cm}}{\pi}\left(\sin\frac{\theta}{2} - \frac{\theta}{2}\cos\frac{\theta}{2}\right) \tag{7.13}$$

となる．基本波の振幅 I_{c1m} は，

$$I_{c1m} = \frac{1}{\pi}\int_0^{2\pi} i_c \cos\omega t\, d(\omega t) = \frac{2I_{cm}}{\pi}\int_0^{\theta/2}\left(\cos\omega t - \cos\frac{\theta}{2}\right)\cos\omega t\, d(\omega t)$$
$$= \frac{I_{cm}}{2\pi}(\theta - \sin\theta) \tag{7.14}$$

で与えられる．直流入力 P_{DC} と基本波出力 P_o は，それぞれ，

$$P_{DC} = V_{CC}I_C = \frac{V_{CC}I_{cm}}{\pi}\left(\sin\frac{\theta}{2} - \frac{\theta}{2}\cos\frac{\theta}{2}\right) \tag{7.15}$$

$$P_o = \frac{V_{c1m}I_{c1m}}{2} = \frac{V_{c1m}I_{cm}}{4\pi}(\theta - \sin\theta) \tag{7.16}$$

となるので，電力効率 η は，

$$\eta = \frac{P_o}{P_{DC}} = \frac{V_{c1m}}{4V_{CC}}\frac{\theta - \sin\theta}{\sin(\theta/2) - (\theta/2)\cos(\theta/2)} \tag{7.17}$$

で示される．$V_{c1m} = V_{CC}$ として，η と θ の関係を示したのが図 7.14 である．この曲

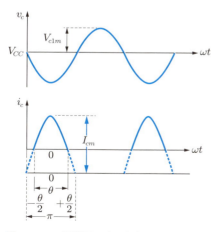

図 7.13　C 級増幅回路の出力電圧電流波形

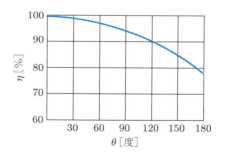

図 7.14　流通角と効率の関係

線からわかるように，θ を小さくするほど，電力効率はよくなるが，あまり θ を小さくすると出力が減少する．通常，θ は $140°\sim160°$ に選ぶ．この場合 80% 以上の効率が得られる．

例題 7.1 図 7.1 と図 7.2 において，動作点が点 B にあり，$V_{CC} = 12\,\text{V}$，$I_C = 100\,\text{mA}$ であるとき，最大コレクタ効率を与える負荷抵抗 R_l，出力 $P_{o\,\text{max}}$ および直流入力 P_{DC} を求めよ．また，負荷 R_L がインピーダンス $4\,\Omega$ のスピーカの場合，変成器の巻線比 n_1/n_2 はいくらにすればよいか．ただし，$V_{c\,\text{min}} = 0$ とする．

解答

$$R_l = \frac{12}{100 \times 10^{-3}} = 120\,\Omega$$

$$P_{o\,\text{max}} = \frac{12 \times 100 \times 10^{-3}}{2} = 0.6\,\text{W}$$

$$P_{DC} = 12 \times 100 \times 10^{-3} = 1.2\,\text{W}$$

$$\frac{n_1}{n_2} = \sqrt{\frac{120}{4}} \fallingdotseq 5.5$$

例題 7.2 B 級電力増幅器の効率が 78.5% になることを，C 級電力増幅器の効率を求める式から確かめよ．また，流通角 $\theta = 90°$ のときの効率を求めよ．

解答

B 級の流通角は $180°$ であるから，式 (7.17) において，$\theta = \pi$ とおけば，

$$\eta_B = \frac{\pi - \sin \pi}{4\left(\sin \dfrac{\pi}{2} - \dfrac{\pi}{2}\cos \dfrac{\pi}{2}\right)} = \frac{\pi}{4} = 78.5\%$$

となる．$\theta = \pi/2$ では，次式のようになる．

$$\eta_C = \frac{\dfrac{\pi}{2} - \sin \dfrac{\pi}{2}}{4\left(\sin \dfrac{\pi}{4} - \dfrac{\pi}{4}\cos \dfrac{\pi}{4}\right)} = \frac{1.57 - 1}{4(0.71 - 0.79 \times 0.71)} = 95\%$$

演習問題

7.1 低周波 A 級シングル増幅器において，スピーカのボイスコイルを直接負荷として接続できない理由を述べよ．

7.2 プッシュプル増幅器では，出力に偶数次高調波が現れないことを証明せよ．

7.3 SEPP 回路について述べよ．

7.4 クロスオーバひずみについて述べよ．

7.5 C 級電力増幅器で，流通角 $\theta = 120°$ の場合，電力効率 η を計算せよ．

第8章 電源回路

8.1 直流電源

トランジスタや FET などのデバイスを動作させるためには，直流の電源が必要である．電池は最も簡単な直流電源であるが，通常，これは小型携帯機器や非常用電源として用いられる．ここでは，商用電源のような交流から直流を得る回路について述べる．電源回路は，必要な電圧・電流を得るための電源変圧器，交流を脈流に変換する整流回路，および脈流を滑らかにするための平滑回路で構成される．さらに，電圧あるいは電流の変動を少なくするためには，定電圧や定電流回路が付加される．

8.2 電源回路の特性

直流電源の特性を表すため，つぎにあげるような用語が使われる．

①**リップル率**（ripple factor）γ：整流された電圧または電流には，周期的な脈動分がある．この程度を表すものとして，つぎのように定義する．

$$\gamma = \frac{出力に含まれる交流電圧（電流）の実効値}{出力直流電圧（電流）} \times 100 \ [\%] \quad (8.1)$$

②**電圧変動率**（voltage regulation）K_v：これは負荷の変動によって，出力の端子電圧が，どの程度変化するかを表す量であり，つぎのように定義する．

$$K_v = \frac{V_o - V_l}{V_l} \times 100 \ [\%] \quad (8.2)$$

ここで，V_o は無負荷端子電圧，および V_l は定格電流を負荷に流したときの端子電圧である．

③**整流効率**（rectification efficiency）η：これは入力の交流電力と出力の直流電力との比で表す．

$$\eta = \frac{負荷に供給される直流電力}{交流電源より供給される交流電力}$$

$$= \frac{P_{DC}}{P_{AC}} \times 100 \ [\%] \quad (8.3)$$

8.3 整流回路

整流回路は，1方向のみに電流を流す素子（半導体ダイオード，水銀整流器など）を用いて，交流を脈流に変換する回路である．使用する交流電源の相数や負荷の種類などにより，各種の素子と回路が用いられる．

8.3.1 単相半波整流回路

図 8.1 は，ダイオードを用いた単相半波整流回路である．ここで，ダイオードの逆方向抵抗を無限大，および順方向抵抗 r_d は流れる電流によって変化しないとすれば，負荷抵抗 R_l を含めた回路の電圧・電流特性は，図 8.2 のような直線になる．いま，入力電圧 $v = V_m \sin \omega t$ とすれば，出力電流 i は，

$$\left. \begin{array}{ll} i = \dfrac{V_m}{R_l + r_d} \sin \omega t = I_m \sin \omega t & (0 \leq \omega t \leq \pi) \\ i = 0 & (\pi \leq \omega t \leq 2\pi) \end{array} \right\} \tag{8.4}$$

で示される．直流電流 I_{DC} は1周期の平均値で与えられるから，正弦波交流の平均値の 1/2 である．したがって，

$$I_{DC} = \frac{I_m}{\pi} \tag{8.5}$$

となる．端子電圧 V_{DC} は，

$$V_{DC} = R_l I_{DC} = \frac{I_m}{\pi} R_l = \frac{V_m}{\pi} \frac{R_l}{R_l + r_d} = \frac{V_m}{\pi} - I_{DC} r_d \tag{8.6}$$

である．負荷に電流が流れないとき，$V_{DC} = V_m/\pi$ となり，電圧変動率 K_v は，

$$K_v = \frac{r_d}{R_l} \times 100 \ [\%] \tag{8.7}$$

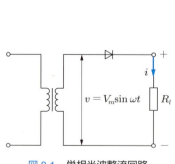

図 8.1 単相半波整流回路

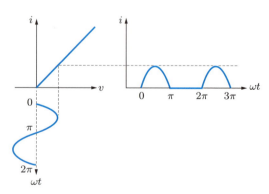

図 8.2 入力電圧と出力電流波形

で与えられる.

つぎに，整流効率 η を求めよう．直流出力 P_{DC} は，

$$P_{DC} = I_{DC}{}^2 R_l = \left(\frac{I_m}{\pi}\right)^2 R_l = \frac{1}{\pi^2}\left(\frac{V_m}{R_l + r_d}\right)^2 R_l \tag{8.8}$$

である．また，交流入力 P_{AC} は，電圧の実効値が $V_m/\sqrt{2}$ であり，電流は半波正弦波で多くの高調波を含むが，電力は電圧と電流の同じ周波数成分だけ考えればよい．それゆえ，半波正弦波形をフーリエ級数に展開し，その第 2 項における基本波の振幅 $I_m/2$ の $1/\sqrt{2}$ が電流の実効値となる．したがって，電力はこれらの積で与えられ，η は，

$$\eta = \frac{P_{DC}}{P_{AC}} = \left(\frac{2}{\pi}\right)^2 \frac{R_l}{R_l + r_d} \times 100\ [\%] = \frac{40.6}{1 + r_d/R_l}\ [\%] \tag{8.9}$$

となる．r_d が小さいほど η は 40.6% に近づくことになる．

おわりに，リップル率 γ を計算しよう．I_{rms}' を出力電流に含まれる交流分の実効値とすれば，実効値の定義から，

$$I_{rms}' = \sqrt{\frac{1}{2\pi}\int_0^{2\pi}(i - I_{DC})^2\,d(\omega t)}$$

$$= \sqrt{\frac{1}{2\pi}\int_0^{2\pi}(i^2 - 2iI_{DC} + I_{DC}{}^2)\,d(\omega t)} \tag{8.10}$$

である．上式の積分の第 1 項は，全出力電流の実効値の 2 乗で $I_{rms}{}^2$ である．第 2 項は $(1/2\pi)\int_0^{2\pi} i\,d(\omega t)$ が平均値，すなわち I_{DC} であるから，$-2I_{DC}{}^2$ となる．したがって，I_{rms}' は，

$$I_{rms}' = \sqrt{I_{rms}{}^2 - I_{DC}{}^2} \tag{8.11}$$

で与えられる．それゆえ式 (8.1) から，

$$\gamma = \frac{\sqrt{I_{rms}{}^2 - I_{DC}{}^2}}{I_{DC}} \times 100\ [\%] = \sqrt{\left(\frac{I_{rms}}{I_{DC}}\right)^2 - 1} \times 100\ [\%] \tag{8.12}$$

である．半波波形の実効値は，

$$I_{rms} = \sqrt{\frac{1}{2\pi}\int_0^{\pi} I_m{}^2 \sin^2 \omega t\,d(\omega t)} = \frac{I_m}{2} \tag{8.13}$$

で示されるから，半波整流の γ は，

$$\gamma = 100\sqrt{\frac{\pi^2}{4} - 1} = 121\ \% \tag{8.14}$$

となる．この回路は簡単であるが，効率が悪く，また脈動も大きい．

8.3.2 単相全波整流回路

図 8.3 に**単相全波整流回路**（single-phase full-wave rectifier）を示す．これは，半波整流回路を 2 個つないで，ダイオード D_1 と D_2 が交互に導通，非導通になるようにし，負荷 R_l には，図 8.4 に示すような，1 方向のみ電流が流れるようにした回路である．このため，電源変圧器の 2 次側の巻線は，**単相半波整流回路**（single-phase half-wave rectifier）と同程度の出力電圧を得るためには 2 倍必要である．また，非導通のダイオードには，半波整流の場合に比べて 2 倍の逆電圧が加わることになるので，耐圧の高いダイオードを使用しなければならない．図 8.5 は，ブリッジ型全波整流回路とよばれるものである．このような接続をすれば，変圧器の上端が正の半周期では D_1 と D_3 が，負の半周期には D_2 と D_4 が導通して，負荷抵抗 R_l には 1 方向にのみ電流が流れて全波整流となる．変圧器の 2 次側巻線は，半波整流の場合と同じでよく経済的であり，ダイオードの耐圧も 2 個直列に入るから 1/2 でよいことになる．しかし，ダイオードの順方向抵抗 r_d は 2 倍となるから，電圧降下も 2 倍となる．

つぎに，整流効率を求めよう．図 8.3 および図 8.4 から明らかなように，負荷抵抗 R_l を流れる直流電流 I_{DC} は，正弦波交流の平均値と同じであるから，

$$I_{DC} = \frac{2I_m}{\pi} \tag{8.15}$$

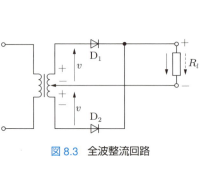

図 8.3　全波整流回路　　　　図 8.4　全波整流電流波形

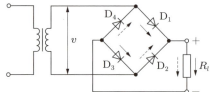

図 8.5　ブリッジ全波整流回路

である．実効値も正弦波交流のそれと等しいから，

$$I_{rms} = \frac{I_m}{\sqrt{2}} \tag{8.16}$$

となる．さらに，交流入力 P_{AC} は，

$$P_{AC} = \frac{I_m}{\sqrt{2}} \frac{V_m}{\sqrt{2}} = \frac{I_m{}^2}{2}(R_l + r_d)$$

である．したがって，η は，

$$\eta = \frac{P_{DC}}{P_{AC}} = \frac{81.2}{1 + r_d/R_l} \; [\%] \tag{8.17}$$

となり，半波整流の 2 倍となる．

リップル率は，式 (8.12) から，

$$\gamma = \sqrt{\left(\frac{I_m/\sqrt{2}}{2I_m/\pi}\right)^2 - 1} = \sqrt{\frac{\pi^2}{8} - 1} \fallingdotseq 0.48 = 48 \; \% \tag{8.18}$$

となり，半波整流よりもかなり小さくなる．電子回路の直流電源は，主にこの整流方式が使用される．

8.3.3 三相整流回路

大電力用としては，三相交流を整流する方式が用いられる．図 8.6 に，**三相半波整流回路**（three-phase half-wave rectifier）と出力電流波形を示す．同図から明らかなように，整流効率とリップル率はともに単相に比べてよくなるが，詳細は省略する．

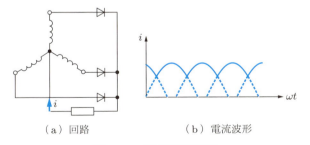

図 8.6 三相半波整流回路

8.3.4 倍電圧整流回路

出力直流電圧が，ほぼ交流入力電圧の $2, 3, \ldots, n$ 倍になるような整流回路を**倍電圧整流回路**（voltage doubler rectifier）という．図 8.7 と図 8.8 に，2 倍電圧整流回路を示す．それぞれ，半波形および全波形とよばれるものである．図 8.7 において，ま

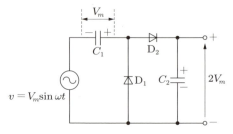
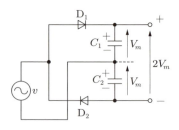

図 8.7　半波形倍電圧整流回路　　　図 8.8　全波形倍電圧整流回路

ず電源電圧の半周期で C_1 は D_1 を通して V_m まで充電される．つぎの半周期では，D_2 を通して C_1 の電圧 V_m と電源電圧との和で，C_2 が充電されるから，C_2 の端子電圧は $2V_m$ となる．図 8.8 の場合，電源電圧の半周期では，D_1 を通して C_1 が V_m まで充電され，つぎの半周期では D_2 を通して C_2 が V_m まで充電される．C_1 と C_2 は直列に接続されており，同図の極性に充電されるから，出力の端子電圧は $2V_m$ となる．

　これらの回路では，無負荷の場合，出力直流電圧が交流電圧の最大値 V_m の 2 倍となり，負荷があれば当然そこに放電電流が流れて，出力電圧は低下する．このため，大容量のコンデンサが必要である．この方法は，変圧器を用いないで，簡単に高電圧の電源が得られる利点をもつが，大きい負荷に対しては，電圧降下が大きくなり，また，変動の大きな負荷に対しては，電圧変動率も大きくなる．このような回路は，主として小電流高電圧の電源として用いられる．

8.4　平滑回路

　整流回路の出力には，大きな脈動分が含まれており，そのままでは電子回路の直流電源として使用できない．平滑回路は，この脈動分をできるだけ小さくし，電池のような直流に近づけるために用いられるフィルタである．

8.4.1　コンデンサ・フィルタ

　図 8.9(a)に示すように，負荷抵抗 R_l に並列に大容量のコンデンサを接続する．ダイオードが導通する期間は，同図(b)に示すように短い時間だけである．そして，ダイオードの抵抗が小さいので，短時間にかなり大きな尖頭電流 i_D が流れるから，ダイオードは尖頭許容電流の大きなものを使用しなければならない．コンデンサは，この短い時間で最大電圧 V_m まで充電され，負荷がなければ直流出力電圧は V_m を維持し脈動分はない．しかし，負荷に電流が流れると，時定数 $R_l C$ による放電曲線にしたがって電圧は降下する．つぎに，ダイオードの逆耐電圧について考えてみると，交流

8.4 平滑回路　111

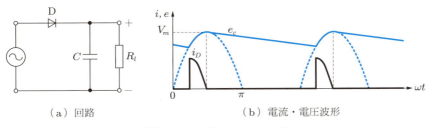

（a）回路　　　　　　　　（b）電流・電圧波形

図 8.9　コンデンサ・フィルタ

電圧の最大値とコンデンサの端子電圧が加わるから，最大 $2V_m$ に耐えるものを使用する必要がある．

リップル率は，図 8.10 のように，コンデンサの端子電圧 e_c を直線で近似し，三角波形の実効値を求め，さらに近似的な V_a を用いて計算すると，

$$\gamma = \frac{1}{2\sqrt{3}\,fCR_l} \tag{8.19}$$

となる．γ が $1/fCR_l$ に比例することは，同図からも理解できることである．

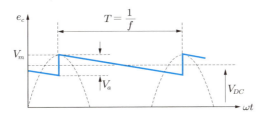

図 8.10　直線で近似したコンデンサ端子電圧

8.4.2　チョークコイル・フィルタ

負荷抵抗 R_l に直列にインダクタンス L を入れた回路が，**チョークコイル・フィルタ**（choke coil filter）である（図 8.11 参照）．インダクタンスは，変化する電流を通しにくい特性をもつから，電流が流れていれば平滑作用がある．ここでは，簡単のために，脈動分は電源の周波数のみと考えると，$|\omega L|i$ の脈動電圧の降下が発生する．電流が多く流れれば，すなわち負荷が大きければ，リップル率がよくなる．いま，整流回路を含めてすべて直流抵抗がないものとすれば，出力直流電圧は V_m/π であり，負荷の大小にかかわらず一定である．しかし，実際には電源変圧器の直流抵抗，ダイオードの r_d およびチョークコイルの直流抵抗があるから，負荷の増加とともに出力電圧は減少する．したがって，チョークコイルだけの平滑回路は，あまり使用されない．

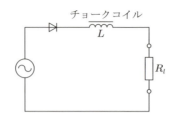

図 8.11　チョークコイル・フィルタ

8.4.3　*LC* フィルタ

***LC* フィルタ**（*LC* filter）は，真空管の時代から電源フィルタとして用いられている回路である．図 8.12 にこれを示す．同図において，整流回路と平滑回路の直流抵抗を無視すると，直流分の減衰はなく，変動分（交流分）は減少することが予想される．簡単のために，交流分は電源の周波数とする．一般に，コンデンサのリアクタンスとチョークコイルのリアクタンスは，$1/|\omega C| \ll |\omega L|$ のように選ばれるから，同図において $R_l \gg 1/|\omega C|$ とすれば，

$$V_2 \fallingdotseq I\,\frac{1}{|\omega C|} \tag{8.20}$$

$$I \fallingdotseq \frac{V_1}{|\omega L|} \tag{8.21}$$

$$\frac{V_2}{V_1} \fallingdotseq \frac{1}{\omega^2 LC} \tag{8.22}$$

となり，交流分の減少は式 (8.22) で与えられる．平滑回路のないときの γ は 1.21 であるから，この平滑回路をつけたことにより，簡単に考えて，リップル率 γ_{LC} は，

$$\gamma_{LC} \fallingdotseq \frac{1.21}{\omega^2 LC} \tag{8.23}$$

となり，かなり改善されたことになる．

LC フィルタを概念的に考えると，これはチョークコイル・フィルタとコンデンサ・フィルタを組み合わせたものである．負荷電流の小さいときには主としてコンデンサ

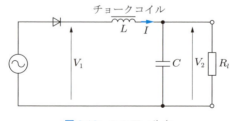

図 8.12　*LC* フィルタ

が脈動分を抑え，負荷電流が大きくなると，チョークコイルが脈動分を抑えるから，全体として負荷電流の大小にかかわらず，リップル率がよくなると考えられる．さらに，脈動分を小さくするためには，LC フィルタの段数を増せばよい．しかし，チョークコイルは高価で寸法・重量ともに大きいから，現在，主としてコンデンサ・フィルタが用いられ，さらにつぎに述べる安定化回路を付加したものが使用される．

8.5 直流安定化電源回路

これまでの回路では，電池から得られる直流に比較すれば，脈動分も残り，また電源の交流電圧の変動，あるいは負荷の変動による出力電圧電流の変化も大きい．これらをさらに小さくするために考えられたのが，**安定化電源回路**（stabilized power-supply）すなわち**定電圧回路**（voltage regulator）である．その一般的なブロック図を図 8.13 に示す．

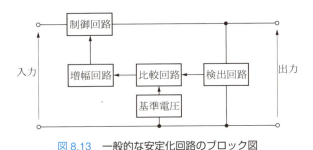

図 8.13　一般的な安定化回路のブロック図

8.5.1　定電圧回路

図 8.14 に，トランジスタと**定電圧ダイオード**（voltage regulator diode，**ツェナーダイオード**（Zener diode））を用いた代表的な安定化回路を示す．同図で D がツェナーダイオードである．また，図 8.15 のように，抵抗 R とツェナーダイオードのみを用いた簡単な回路もあるが，出力電圧がツェナー電圧で決められるので，電源として用いられることはなく，電子回路の一部の電圧を安定化するために使用される．

図 8.14 の回路の動作を定性的に説明する．いま，何かの原因で出力電圧 V_o が上昇すると，Tr_2 のベース電位が上昇する．Tr_2 のエミッタ電位はダイオード D のツェナー電圧 V_D で一定であるから，V_{BE} が増し，Tr_2 のコレクタ電流が増加する．それゆえ，R_1 による電圧降下が大きくなり，Tr_1 のベース電圧が下がりベース電流が減少する．このため Tr_1 のコレクタ電流が流れにくくなる．すなわち，Tr_1 の内部抵抗が増加し，これによる電圧降下が大きくなって V_o が減少する．つまり，V_o を一定に保つ動作を

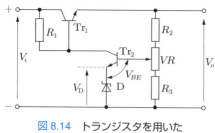
図 8.14 トランジスタを用いた
定電圧回路

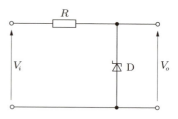
図 8.15 ツェナーダイオードを用いた
簡単な定電圧回路

する．V_o が減少する場合は，いまとまったく逆に考えればよい．この安定化回路は，脈動電圧に対しても応答するから，リップル率も減少する．このような回路を精巧にした IC がつくられ，3 端子レギュレータとよばれて，安定化回路に多く用いられる．図 8.16 にその例を示す．

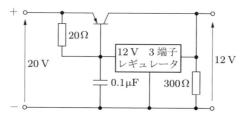
図 8.16 3 端子レギュレータを用いた安定化回路

8.5.2 定電流回路

これは，前述の回路と似たような回路構成である．図 8.17 に示すように，負荷に直列に抵抗 R_s を入れて，その電圧降下 $R_s I_l$ と基準電圧を比較して Tr_1 を制御すれば，定電圧回路と同じようにして定電流回路が得られる．

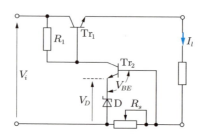
図 8.17 トランジスタを用いた定電流回路

8.6 スイッチング電源

近年，コンピュータの小型軽量化にともない，電源も小型軽量化と低損失化そして高効率化されている．いままで述べた連続出力制御方式では，制御部のトランジスタによる損失が避けられない．このため原理的に出力制御部の損失のない断続制御方式が考えられた．これがスイッチング電源であり，**スイッチング・レギュレータ**（switching regulator）ともいう．ここでは，1 例としてパルス幅制御スイッチング電源について，概要を述べる．図 8.18 に，その概略のブロック図を示す．

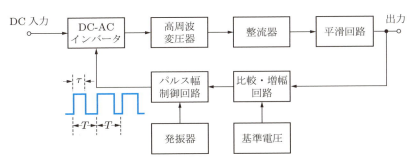

図 8.18 パルス幅制御方式スイッチング電源

同図において，DC-AC インバータには，一般の AC 電源を整流した直流が加えられる．**インバータ回路**（inverter）はパワートランジスタを用い，スイッチング動作（オン・オフ）をさせて，20 kHz～100 kHz 程度の方形波交流に変換する（トランジスタのスイッチング動作については第 11 章のパルス回路参照）．この交流を所要の電圧にするため，高周波変圧器を用いる．この変圧器は周波数が高いから，50 Hz や 60 Hz の変圧器よりも小型軽量にできる．この変圧器における 2 次側の出力電圧を整流し，さらに平滑回路を通す．フィルタの LC も変圧器と同じように小型軽量にできる．この出力をさらに安定化するため，出力電圧を基準電圧と比較し，誤差電圧を増幅してパルス幅制御回路を駆動する．パルス幅制御回路では，この電圧により，パワートランジスタのオン・オフ動作を制御する電圧をつくる．いま，何かの原因で出力電圧が上昇すると，オン時間の幅 τ を短くするように，また出力電圧が降下するときには τ を長くするように，トランジスタを制御すれば一定の出力電圧が得られる．

例題 8.1 直流出力電圧が 12 V，リップル率 0.1% であれば，出力中に含まれる交流電圧の実効値 V_E はいくらか．

解答
式 (8.1) より，次式のようになる．

$$0.001 = \frac{V_E}{12}$$
$$\therefore \quad V_E = 0.012 \text{ V}$$

例題 8.2 単相全波整流回路において，ダイオードの抵抗が $10\,\Omega$，負荷抵抗が $100\,\Omega$ であるとき整流効率はいくらか．

解答

式 (8.17) より，次式のようになる．

$$\eta = \frac{81.2}{1 + \dfrac{10}{100}} = 73.8\%$$

例題 8.3 図 8.12 の LC フィルタ回路で，$L = 5\,\text{H}$，$C = 100\,\mu\text{F}$ のとき，リップル率を求めよ．ただし，電源周波数を $50\,\text{Hz}$ とする．

解答

式 (8.23) より

$$\gamma_{LC} = \frac{1.21}{(6.28 \times 50)^2 \times 5 \times 10^2 \times 10^{-6}} \fallingdotseq 2.5\%$$

演習問題

8.1 半波形倍電圧回路を参考にして，3 倍圧回路を描け．

8.2 図 8.10 より，式 (8.19) を導け．

8.3 図 8.9(a) の回路において，リップル率を 5% にしたい．コンデンサ C の値を求めよ．ただし，出力電圧 12 V，負荷電流 1 A，電源周波数 50 Hz とする．

8.4 問図 8.1 は，単にコンデンサ C を負荷と並列に入れたフィルタより，リップル率を減少させることができる．回路解析をして理由を確かめよ．

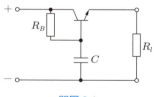

問図 8.1

第9章 変調および復調回路

9.1 変調および復調

音声や映像などの情報を遠方に伝えたい場合，これらを電気信号に変換して伝送するのであるが，この電気信号を直接送るのではなく，これより，はるかに高い周波数にのせて送る方法がある．このような操作を変調といい，受信側で，元の信号を復元する操作を復調とよぶ．電気信号がのる高周波は，信号を運ぶという意味で搬送波とよばれ，変調された高周波を変調波という．

変調の方法は，大別すると連続波変調とパルス変調にわけられる．ここでは前者について述べる．

9.2 振幅変調の理論

振幅変調（amplitude modulation, AM）は，搬送波の振幅を信号に応じて変化させるもので，最も基本的なものである．初期の変調方式には，これがよく用いられた．現在も，中短波放送の変調などに広く使用されている．

いま，一定振幅の高周波電圧を $v_c = V_c \cos \omega_c t$ とし，これを単一正弦波 $v_s = V_s \cos \omega_s t$ の信号波で振幅変調する場合を考える．振幅変調は搬送波の振幅 V_c を信号によって変化させる方式であるから，その振幅 V_c' は，

$$V_c' = V_c + k_a V_s \cos \omega_s t \tag{9.1}$$

となり，時間とともに変化する．ここで，k_a は比例定数である．したがって，変調波 v_c は，

$$v_c = (V_c + k_a V_s \cos \omega_s t) \cos \omega_c t = V_c(1 + m_a \cos \omega_s t) \cos \omega_c t \tag{9.2}$$

となる．ここで，$m_a = k_a V_s / V_c$ は変調の深さを表す量で，**変調度**（modulation factor）とよばれる．たとえば $m_a = 1$ を 100% 変調といい，$m_a > 1$ を**過変調**（overmodulation）とよぶ．

振幅変調された波を図 9.1 に示す．この図で最大振幅を a，最小振幅を b とすれば，変調度は，

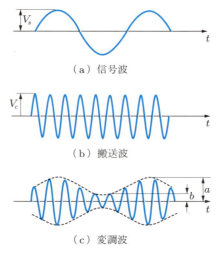

図 9.1　振幅変調の波形

$$m_a = \frac{a-b}{a+b} \tag{9.3}$$

で与えられ，変調度の測定に用いられる．

つぎに，式 (9.2) を展開すると，

$$v_c = V_c \cos\omega_c t + \frac{m_a}{2} V_c \cos(\omega_c + \omega_s)t + \frac{m_a}{2} V_c \cos(\omega_c - \omega_s)t \tag{9.4}$$

が得られる．このように単一正弦波で振幅変調をすると，搬送波の角周波数 ω_c を中心に $(\omega_c + \omega_s)$，$(\omega_c - \omega_s)$ の二つの角周波数が発生する．これらを**側帯波**（sideband）とよび，前者を上側帯波，後者を下側帯波という．これらの**スペクトル分布**（spectrum, 周波数と振幅の関係）を示すと，図 9.2（a）のように，$\omega_c = 2\pi f_c$ を中心に対称な分布をする．また，信号波が帯域幅 B [Hz] をもつ音声などである場合，振幅変調波の帯域幅は $2B$ [Hz] となり，スペクトル分布は図 9.2（b）で示される．

つぎに，変調波をベクトル図で考えてみよう．図 9.3（a）に示すように，搬送波は ω_c の角速度で，また側帯波は $(\omega_c + \omega_s)$ と $(\omega_c - \omega_s)$ の角速度で反時計方向に回転するベクトルで表され，これらを合成すると変調波のベクトルとなる．いま，座標軸を ω_c で反時計方向に回転すると，同図（b）に示すように，ω_c で回転する搬送波 V_c は静止ベクトルとなり，上側帯波は ω_s で反時計方向へ，下側帯波は ω_s で時計方向に回転するベクトルとなる．これらの合成ベクトルは，時間とともに OA 線上を伸縮するから，同図（c）と（d）のような合成ベクトルが得られ，変調波は振幅のみ変化し，位相はつねに搬送波と同じである．

おわりに，変調波の電力について述べる．電力は電圧あるいは電流の実効値の 2 乗

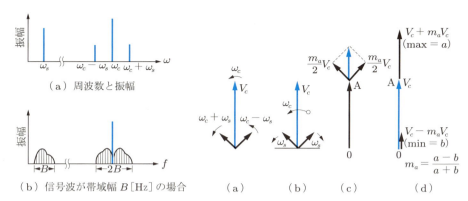

図 9.2 振幅変調波のスペクトル分布　　図 9.3 振幅変調波のベクトル図

に比例するから，搬送波の電力は $V_c^2/2$ に，側帯波の電力は $m_a^2 V_c^2/8$ に比例する．したがって，変調波の電力 P は，両側帯波を考慮して，

$$P \propto \frac{V_c^2}{2} + \frac{(m_a V_c)^2}{4} = \frac{V_c^2}{2}\left(1 + \frac{m_a^2}{2}\right) \tag{9.5}$$

となり，無変調のときの $1+(m_a^2/2)$ 倍となる．それゆえ，100% 変調では 1.5 倍となり，この増加分は変調器から供給される．

また，情報を伝送するという立場から考えると，情報を含むのは側帯波であり，搬送波には含まれていない．それゆえ，搬送波と側帯波全部を伝送する必要はない．したがって，一方の側帯波のみを伝送すれば，電力の節約にもなり，また占有帯域幅も 1/2 となって都合がよい．このように，一方の側帯波のみを伝送する方式を，**単側帯波**（single sideband，SSB）通信方式といい，現在，短波通信などで広く用いられている．

9.3 振幅変調回路

式 (9.2) に示すような変調波をつくるためには，同式から明らかなように，信号波と搬送波が積の形にならなければならない．そのため，デバイスの非直線性を利用した積の回路をつくればよいことになる．いま，簡単のために，デバイスの入力電圧 v_i と，出力電流 i_0 が 2 乗特性であると近似して，

$$i_0 = g_0 + g_1 v_i + g_2 v_i^2 \tag{9.6}$$

で表し，v_i を，

$$v_i = V_c \cos\omega_c t + V_s \cos\omega_s t \tag{9.7}$$

とする．式 (9.6) と式 (9.7) から，

$$i_0 = g_0 + \frac{g_2}{2}(V_c{}^2 + V_s{}^2) + g_1(V_c \cos\omega_c t + V_s \cos\omega_s t)$$
$$+ \frac{g_2}{2}(V_c{}^2 \cos 2\omega_c t + V_s{}^2 \cos 2\omega_s t)$$
$$+ g_2 V_c V_s \{\cos(\omega_c + \omega_s)t + \cos(\omega_c - \omega_s)t\} \tag{9.8}$$

が得られる．この式で，第 1 項と第 2 項は直流分，第 3 項は搬送波と信号波，第 4 項はそれらの第 2 高調波そして第 5 項が側帯波であることがわかる．それゆえ，この出力を ω_c に同調した共振回路を通すことによって，ω_c とその付近の角周波数，すなわち側帯波のみが得られ，目的を達することができる．

9.3.1 ベース変調回路

図 9.4 にベース変調回路を示す．この回路はベース・エミッタ間の電圧と，コレクタ電流の非直線性を利用している．変調に要する電力は少なくてよいが，特性曲線が簡単な 2 乗特性ではないので，高次の項の影響で高調波を多く発生し，ひずみが大きいという欠点がある．

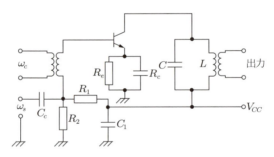

図 9.4 ベース変調回路

9.3.2 コレクタ変調回路

コレクタ変調回路を図 9.5 に示す．この回路は，送信機の終段高周波電力増幅器のところで，変調をかける方式である．真空管ではプレート変調，FET ではドレイン変調とよばれる．電力の大きいところで変調をかけるので，変調に要する電力も大きくなるが，ひずみは少ない．電力増幅器は C 級で動作し，十分大きな振幅の搬送波がベースに加えられる．同図 (a) に示すように，変調信号電圧が変成器を通して，コレクタ電圧を変化させる．トランジスタでは，コレクタ電圧を変化させてもコレクタ電流はあまり変わらない．しかし，搬送波に比較して信号波の変化はゆるやかであるから，同図 (b) のように，信号波の変化に応じた A から E までの負荷線を引くことが

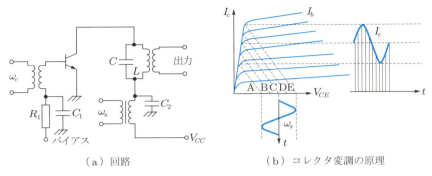

（a）回路　　　　　　　　　　（b）コレクタ変調の原理

図 9.5　コレクタ変調回路

できる．それゆえ，コレクタ電圧の変化にしたがって，コレクタ電流は同図のように変わる．これを共振回路により搬送波 ω_c 付近を取り出すと，振幅変調波が得られる．

9.3.3　搬送波除去変調回路

SSB 方式では，搬送波が不要であるから，変調波から搬送波を除く回路が必要となる．平衡変調回路は，この搬送波を除去し，側帯波のみを取り出す回路である．図 9.6 に原理図を示す．同図において，Tr_1 と Tr_2 のベース・エミッタ間には変調信号を等振幅逆相に加え，搬送波は同相に与える．それぞれのコレクタ電流 i_{c1} と i_{c2} は，

$$i_{c1} \propto (1 + m_a \cos \omega_s t) \cos \omega_c t$$
$$i_{c2} \propto (1 - m_a \cos \omega_s t) \cos \omega_c t$$

であるから，出力電流 i は

$$\begin{aligned} i &\propto 2m_a \cos \omega_c t \cos \omega_s t \\ &= m_a \{\cos(\omega_c + \omega_s)t + \cos(\omega_c - \omega_s)t\} \end{aligned} \tag{9.9}$$

となり，搬送波は除かれ，側帯波のみが出力に現れる．同図（b）に出力波形を示す．この両側帯波のどちらかをフィルタで除去すると，SSB 信号が得られる．また，上側帯

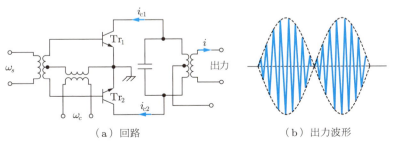

（a）回路　　　　　　　　　　（b）出力波形

図 9.6　平衡変調回路

波のみを使用する場合を USB（upper sideband），下側帯波のみの場合を LSB（lower sideband）とよぶ．

図 9.7 に，搬送波除去回路の例として**リング変調**（ring modulation）回路を示す．この回路は，SSB 送信機の低レベル段でよく用いられる回路である．同図において，搬送波の振幅は，変調信号の振幅より十分大きくしてある．搬送波入力は，入力および出力変成器の中性点に加えられるので，出力には現れない．いま，搬送波 v_c と信号波 v_s が同時に加えられたとする．v_c の正の半周期で D_1 と D_4 が導通し，D_2 と D_3 はしゃ断，v_c の負の半周期ではこの逆となり，変調信号 ω_s は ω_c の半周期ごとに反転されて出力側に現れることになり，図 9.6（b）と似た波形が得られる．

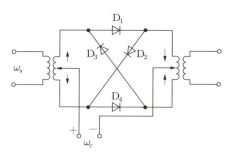

図 9.7 リング変調回路

9.4 振幅変調波の復調回路

デバイスの非直線性を利用した復調回路も，真空管の時代にはあったが，現在はあまり用いられず，主としてダイオードの直線性を利用した復調回路が用いられている．

9.4.1 平均値復調回路

振幅変調波を復調するのに，最も簡単な方法として，図 9.8 に示すような半波整流回路がある．同図から明らかなように，出力は半波整流された振幅の変化するパルス列と

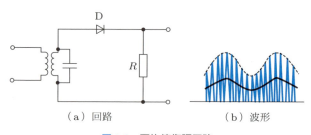

図 9.8 平均値復調回路

なる．信号成分はこの平均値で与えられるから，**平均値復調回路**（average detector）とよばれる．これを，低域フィルタを通して高周波分を除去すれば，変調信号が得られる．

9.4.2 包絡線復調回路

包絡線復調回路（envelope detector）は，前述の回路の負荷抵抗に，適当な値のコンデンサを並列に接続したものである．入力の正の半周期でコンデンサが充電され，負の半周期では負荷抵抗 R を通して放電するから，図 9.9 に示すように包絡線に近い波形が得られる．この回路では，出力電圧が最大値に近い値に維持されるので，平均値復調回路より大きな出力電圧が得られ，最も一般的な復調回路である．この回路はダイオードの順方向抵抗 r_d とコンデンサ C の容量との時定数が，搬送波の 1 周期に対して十分小さくないと，充電に時間を要し最大値まで充電されないから，出力が小さくなる．また，RC の時定数が大きすぎると，信号波の変化に応じることができなくなり，同図（b）に示すような，**斜めクリッピング**（diagonal clipping）とよばれるひずみを発生する．これらの関係を式で示すと，

$$\left.\begin{array}{l} r_d C \ll \dfrac{1}{f_c} \\[4pt] RC \gg \dfrac{1}{f_c} \\[4pt] RC \ll \dfrac{1}{f_s} \end{array}\right\} \tag{9.10}$$

となり，これらを満足すればよいことになる．ここで，f_c と f_s は，それぞれ搬送波と信号波の周波数である．

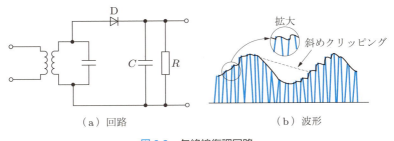

図 9.9　包絡線復調回路

124　第9章　変調および復調回路

9.4.3　SSB の復調

SSB 信号の波形は，普通の振幅変調波の波形と異なり，その包絡線が変調信号を表していないので，前述の復調回路では復調できない．一般的に SSB の復調は，受信機内に送信搬送波と同一の周波数の発振器をおき，これと SSB 波を混合器で混合し，$(\omega_c + \omega_s) - \omega_c = \omega_s$ あるいは $\omega_c - (\omega_c - \omega_s) = \omega_s$ を取り出す方法がとられる．また，リング変調回路を用いた復調回路も使用されている．どちらも，受信機の搬送周波発振器の周波数安定度は，送信機の発振周波数の安定度と同程度が必要であり，これが十分でないと，周波数がずれて音質が悪くなる．

9.5　角度変調

搬送波 $v_c = V_c \sin(\omega_c t + \phi)$ の $(\omega_c t + \phi)$ の部分，すなわち正弦波の角度を信号に比例して，ある基準値から変化させる方法を一般に**角度変調**（angle modulation）という．そのなかで，搬送波の瞬時周波数の変化を信号に比例させるものを**周波数変調**（frequency modulation, FM）といい，位相角 ϕ を信号に比例して変化させるものを**位相変調**（phase modulation, PM）という．

9.5.1　周波数変調波の式

いま，信号波を，$v_s = V_s \cos \omega_s t$ とおき，搬送波を $v_c = V_c \sin(\omega_c t + \phi) = V_c \sin \theta$ とする．角周波数 ω_c の搬送波を信号波 v_s で変化させる場合，角周波数の変わる範囲は，ω_c を中心にして $\pm\Delta\omega$ とする．$\Delta\omega$ は，信号の振幅 V_s に比例する量である．このときの瞬間における角周波数 ω_i（これを瞬時角周波数という）は，

$$\omega_i = \omega_c + \Delta\omega \cos \omega_s t \tag{9.11}$$

である（図 9.10 参照）．ω が一定値 ω_c の場合，搬送波の角度 θ は $(\omega_c t + \phi)$ であるが，ω が式 (9.11) のように，時間に対して変化するとき，位相は $(\omega_c t + \phi)$ で与えられない．この場合，角度 θ は $\omega_i = d\theta/dt$ であるから，

$$\theta = \int_0^t \omega_i \, dt = \int_0^t (\omega_c + \Delta\omega \cos \omega_s t) \, dt$$
$$= \omega_c t + \frac{\Delta\omega}{\omega_s} \sin \omega_s t \tag{9.12}$$

となり，周波数変調波の式は，

$$v_f = V_c \sin\left(\omega_c t + \frac{\Delta\omega}{\omega_s} \sin \omega_s t + \phi\right) \tag{9.13}$$

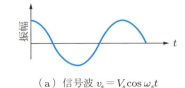

(a) 信号波 $v_s = V_s \cos \omega_s t$

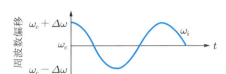

(b) 周波数偏移

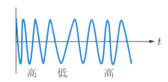

高　低　高

(c) 周波数変調波の波形

図 9.10　信号波と変調波の関係

で与えられ，$\phi = 0$ としても一般性を失わないから，

$$v_f = V_c \sin \left(\omega_c t + \frac{\Delta \omega}{\omega_s} \sin \omega_s t \right) \tag{9.14}$$

である．この式において，$\Delta f = \Delta \omega / 2\pi$ を最大周波数偏移という．また，

$$\frac{\Delta \omega}{\omega_s} = \frac{\Delta f}{f_s} = m_f$$

として，m_f を**変調指数**（modulation index）といい，振幅変調の変調度に相当するものである．

式 (9.14) を m_f を用いて表すと，

$$v_f = V_c \sin(\omega_c t + m_f \sin \omega_s t) \tag{9.15}$$

となる．

9.5.2　位相変調波の式

位相変調は，搬送波の位相角 ϕ を，信号波 $v_s = V_s \cos \omega_s t$ で変化させるものであるから，

$$v_p = V_c \sin(\omega_c t + \Delta \phi \cos \omega_s t) \tag{9.16}$$

が位相変調波の式である．$\Delta \phi$ は V_s に比例する量で，最大位相偏移という．この式と

式 (9.15) を比較すると，周波数変調波の式と，位相変調波の式は同じ形であることがわかる．

前者の $m_f \sin\omega_s t$ が，後者の $\Delta\phi\cos\omega_s t$ に対応しているので，その位相が，90°異なる．さらに，m_f は V_s/ω_s に比例するが，$\Delta\phi$ は V_s のみに比例し，ω_s には無関係である．したがって，信号をまず積分回路を通して，$\cos\omega_s t$ を，$(1/\omega_s)\sin\omega_s t$ に変え，その後に位相変調すると，周波数変調波をつくることができる．また，位相変調波の瞬時角周波数 ω_i は，$\omega_i = d\theta/dt$ から，

$$\omega_i = \omega_c - \Delta\phi\omega_s \sin\omega_s t \tag{9.17}$$

となり，式 (9.11) と比較して，最大角周波数偏移 $\Delta\omega$ は $\Delta\phi\omega_s$ となる．$\Delta\phi$ は信号の振幅に比例するから，$\Delta\omega$ は $V_s\omega_s$ に比例することになる．このように，これらの変調方式は本質的に同じものであると考えられる．

9.5.3 周波数変調波の側帯波

周波数変調波の側帯波を求めるために，式 (9.15) を展開し，さらにベッセル関数に展開しなければならない．ここでは，その結果のみを述べる．詳細は巻末の参考書を参照されたい．ベッセル関数に展開した結果，搬送波 f_c を中心に，$\pm f_s$ の等間隔で無数の側帯波を生じることがわかる．側帯波の振幅は，ベッセル関数表の $J_n(m_f)$ で与えられる．図 9.11 は $m_f = 5$ の場合の側帯波の振幅のスペクトル分布を，$J_0(5)$ から $J_7(5)$ まで，関数表より求めたものである．ここで，J_n の n は 0 が搬送波，その他は n 番目の側帯波を表す．ベッセル関数表で調べると，たとえば $J_0(m_f)$ の搬送波の振幅が $m_f = 2.4$ のとき 0 となることがわかる．この関係は，FM 信号の m_f の測定に応用されている．周波数変調波は，理論上無限個の側帯波を発生するが，高次の側帯波の振幅は小さくなる．側帯波の上下それぞれ N 個の側帯波をとり，そのエネルギーが全エネルギーの 99% になる N は，

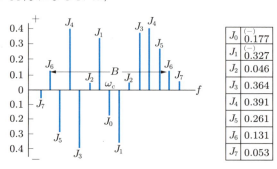

図 9.11　$m_f = 5$ のときのスペクトル分布と $J_n(5)$ の数値

$$N = m_f + 1 \tag{9.18}$$

であることが知られている．それゆえ，実用上，側帯波は m_f+1 個ずつ上下に存在すると考えてよい．したがって，FM 波の占有帯域幅 B [Hz] は，

$$B = \frac{2N\omega_s}{2\pi} = \frac{\omega_s}{\pi}(m_f+1) = 2(\Delta f + f_s) \tag{9.19}$$

となる．実際の FM 放送では，$\Delta f = 75$ kHz，$f_s = 0 \sim 15$ kHz で，帯域幅をほぼ 200 kHz とみている．

9.5.4 周波数変調回路

(1) コンデンサ・マイクを用いた回路

LC 発振回路のコンデンサ C にコンデンサ・マイクを使用し，音声などの音圧により，キャパシタンスを変えて，$f = 1/2\pi\sqrt{LC}$ の発振周波数を変化する回路である．最も簡単な回路なので，FM ワイヤレス・マイクに用いられている．いま，音声などによって，コンデンサ・マイクの容量 C が ΔC の変化をすれば，発振周波数の変化 Δf は，

$$\Delta f = \frac{\partial f}{\partial C} \cdot \Delta C = -\frac{f}{2C}\Delta C \tag{9.20}$$

$$\frac{\Delta f}{f} = -\frac{\Delta C}{2C} \tag{9.21}$$

で与えられる．この式の負号は，音圧でコンデンサ・マイクの容量が増加し，発振周波数が低下することを意味する．

(2) デバイスを可変リアクタンスとする回路

リアクタンス・トランジスタおよびリアクタンス FET として知られている回路である．図 9.12 において，Z_1 と Z_2 の値を適当に選ぶことにより，端子 a–b からみたインピーダンスを誘導性，あるいは容量性にすることができる．ここでは，リアクタ

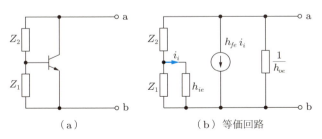

図 9.12　リアクタンス・トランジスタ

ンス・トランジスタについて述べる.

図 9.12(a) の回路を,簡略化した等価回路で表すと同図(b)の回路となる(h_{re} は省略している).この回路の出力アドミタンスは,$Z_2 \gg Z_1 \gg h_{ie}/h_{fe}$ および $h_{fe} \gg 1$ とすると,

$$Y = h_{oe} + \frac{h_{fe}}{Z_1 + h_{ie}} \frac{Z_1}{Z_2} \tag{9.22}$$

であり,さらに $Z_1 \ll h_{ie}$ であれば,

$$Y = h_{oe} + \frac{h_{fe}}{h_{ie}} \frac{Z_1}{Z_2} \tag{9.23}$$

となる.いま,$Z_1 = 1/j\omega C$ および $Z_2 = R$ とすると,

$$Y = h_{oe} + \frac{h_{fe}}{h_{ie}} \frac{1}{j\omega CR} \tag{9.24}$$

で与えられ,Y は誘導性となる.したがって,等価インダクタンス L_e は,

$$L_e = \frac{h_{ie}}{h_{fe}} CR \tag{9.25}$$

となる.これとは逆に $Z_1 = R$ および $Z_2 = 1/j\omega C$ とすると,アドミタンスは,

$$Y = h_{oe} + j\omega CR \frac{h_{fe}}{h_{ie}} \tag{9.26}$$

となり,容量性であることがわかる.また,等価キャパシタンス C_e は,

$$C_e = \frac{h_{fe}}{h_{ie}} CR \tag{9.27}$$

となる.したがって,これらの回路を,LC 発振回路と並列に接続し,リアクタンス・トランジスタのベースに変調信号を加えて,$g_m = h_{fe}/h_{ie}$ を変えると,周波数変調波が得られる.周波数変調波をつくる場合,等価キャパシタンスとして使用されることが多いが,等価インダクタンスとしては,実際のコイルのかわりに,これを用いたフィルタ回路が研究されている.

(3) 可変容量ダイオードを用いた回路

可変容量ダイオード(バリキャップともよばれる)を用いた FM 変調回路の 1 例を,図 9.13 に示す.バリキャップの容量は,印加電圧によって変わるから,一定の直流バイアス電圧を与え,これに信号電圧を重畳して加えると,信号に応じた容量変化が得られる.これを,LC 発振回路に並列に接続して,発振周波数を変えると周波数変調ができる.簡単な回路であるから,小型無線機などで使用される.

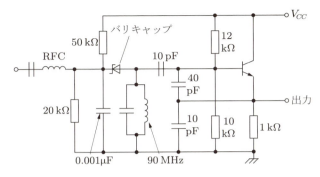

図 9.13　バリキャップを用いた変調回路

9.5.5　位相変調回路

前に述べたように，積分回路に信号を通した後，位相変調回路で位相変調すると，等価的に FM 波が得られる．位相変調において，搬送波の発振器は，周波数の安定な水晶発振器が使用できる．1 例としてベクトル合成位相変調回路について述べる．

図 9.14（a）に，ベクトル合成位相変調回路のブロック図を示す．水晶発振器の出力は A と B の二つにわけられ，A は 90° 移相回路を通して，振幅変調回路で振幅変調される．B は，そのままベクトル合成回路に加えられ，ここで両信号は合成される．合成されたベクトルは，同図（b）の C となる．信号の大きさに応じて，C′〜C″ の位相偏移が得られる．同図から明らかなように，振幅も変化するので，$\Delta\phi$ はあまり大きくとれない．この方式は小型無線機で多く用いられているが，所要の位相偏移（周波数偏移）を得るためには，水晶発振器の周波数を低くとり，その後，数段の周波数逓倍回路を通して，所要周波数と周波数偏移を得るようにしている．

位相偏移が大きくとれる位相変調回路としては，パルス技術を応用した**セラソイド変調**（serrasoid modulation）方式がある．図 9.15 にそのブロック図を示す．

水晶発振器からの搬送波は，パルス形成回路を通してから，のこぎり波発生回路で

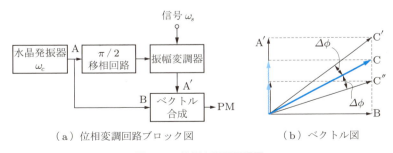

（a）位相変調回路ブロック図　　　　（b）ベクトル図

図 9.14　位相変調器原理図

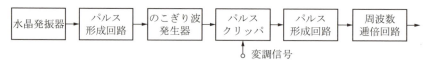

図 9.15 セラソイド変調回路ブロック図

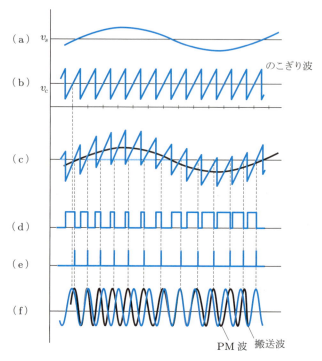

図 9.16 セラソイド位相変調回路の波形

直線性のよい，図9.16(b)のようなのこぎり波に変えられる．これに，同図(a)の変調信号 v_s が重ねられて，同図(c)のようになる．これを，あるレベルでクリップすると，同図の薄い青の太線のように時間の長短ができる．これを，パルス形成回路で同図(d)のようなパルス幅の変化したパルスをつくる．つぎに，微分回路を通して，パルスの後縁で鋭いパルスをつくると，これは，のこぎり波の傾斜部分の切断点と一致するから，パルスの位置が v_s によって変化することになる．このパルス波を同調回路を通すと，同図(f)のように，1サイクルごとにパルスで位相が決められた正弦波振動がつくられる．この方式は，$\Delta\phi$ が v_s に比例するから，のこぎり波の直線性がよければ，ひずみの少ない位相変調波が得られる．

9.5.6 周波数変調波の復調回路

周波数変調波から信号を取り出すには，搬送波の角周波数 ω_c を中心に，周波数に対して直線的に変化する出力が得られるような回路に入れ，周波数変化を振幅変化に変えて，その後，振幅変調の復調をすればよい．このような動作をする回路を，周波数弁別回路という．ここでは最も代表的な，**フォスタ・シーリの周波数弁別回路**（Foster-Seely frequency discriminator）について述べる．

図 9.17 において，1次電圧を V_1 および L_1 に流れる電流を I_1 とすれば，

$$I_1 = \frac{V_1}{j\omega L_1} \tag{9.28}$$

である．2次側に誘起する電圧 V_2' は，

$$V_2' = j\omega M I_1 = \frac{MV_1}{L_1} \tag{9.29}$$

となる．2次側 ab 間の電圧 V_2 は，L_2 の抵抗分を R_2 として，

$$V_2 = \frac{V_2' \dfrac{1}{j\omega C_2}}{R_2 + j\left(\omega L_2 - \dfrac{1}{\omega C_2}\right)} \tag{9.30}$$

で与えられる．$L_2 C_2$ の共振周波数を入力周波数 ω_c に同調させておけば，ω_c に対して，

$$V_2 = \frac{V_2'}{j\omega_c C_2 R_2} \tag{9.31}$$

となる．この式に式 (9.29) を代入すると，

$$V_2 = -j\frac{M}{\omega_c C_2 R_2 L_1} V_1 \tag{9.32}$$

である．2次側端子電圧 V_2 は，1次側電圧 V_1 と 90° の位相差を生じることがわかる．V_1 は C_c を通して L_2 の中点 n に接続されているので，点 n の電圧は V_1 に等しい．同

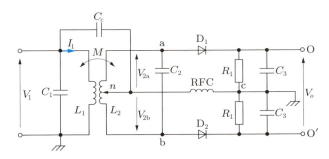

図 9.17　フォスタ・シーリ周波数弁別回路

図の V_{2a} と V_{2b} の大きさは，V_1 の 1/2 で互いに逆相である．したがって，

$$V_{2a} = j \frac{MV_1}{2\omega_c C_2 R_2 L_1} \tag{9.33}$$

$$V_{2b} = -j \frac{MV_1}{2\omega_c C_2 R_2 L_1} \tag{9.34}$$

が得られる．また，ダイオード D_1 と D_2 に加わる電圧を V_{ac} および V_{bc} とすると，図 9.18 の等価回路から V_1 と V_{2a}，V_{2b} のベクトル和になるので，図 9.19 のような合成ベクトルが得られる．

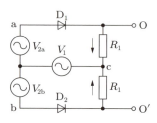

図 9.18　等価回路

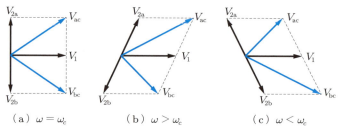

図 9.19　ベクトル図

$\omega = \omega_c$ の場合，$V_{ac} = V_{bc}$ であり，D_1 と D_2 を通り抵抗 R_1 に流れる電流は，大きさが等しく方向は反対であるから，図 9.19(a)のように，OO' 間の電圧 V_o は 0 である．つぎに，入力周波数が変化する場合を考える．同調回路の特性が $\pm \Delta \omega$ の範囲で，ほぼ平担であるとすると，電圧振幅の変化はないが，位相角は周波数の変化に対して大きく変わる．これをベクトル図で示すと，図 9.19 の(b)と(c)のようになり，V_{ac} と V_{bc} は入力周波数の変化に応じて，その大きさが変化する．それゆえ，ダイオード D_1 と D_2 を通り抵抗 R_1 に流れる方向が反対の電流に差を生じ，OO' 端子に電圧が現れる．この出力電圧 V_o と周波数の関係は，図 9.20 のようになり，$\pm \Delta \omega$ がこの特性の直線部分に収まれば，ひずみのない復調信号が得られる．

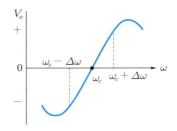

図 9.20　周波数弁別回路の出力特性

例題 9.1 振幅 10 V，周波数 1 MHz の搬送波に，5 kHz の単一正弦波で 80% の変調をかけた．側帯波の振幅と周波数を求めよ．

解答

式 (9.4) から，

$$側帯波の振幅　\frac{m_a}{2} V_c = 4 \text{ V}$$

$$上側帯波　1\,000 + 5 = 1\,005 \text{ kHz}$$

$$下側帯波　1\,000 - 5 = 995 \text{ kHz}$$

例題 9.2 図 9.9 の復調回路で抵抗 R が 10 kΩ，ダイオードの抵抗が 200 Ω である．周波数 1 MHz が 5 kHz で振幅変調されている場合，適当なコンデンサ C の値を求めよ．

解答

式 (9.10) より，

$$200 \times C \ll \frac{1}{10^6} \quad \therefore \quad C \ll 0.5 \times 10^{-8} = 5\,000 \text{ pF}$$

$$10 \times 10^3 \times C \gg \frac{1}{10^6} \quad \therefore \quad C \gg 10^{-10} = 100 \text{ pF}$$

$$10 \times 10^3 \times C \ll \frac{1}{5 \times 10^3} \quad \therefore \quad C \ll 0.2 \times 10^{-7} = 0.02 \text{ μF}$$

となるから，C の値としては 500 pF〜1 000 pF が適当である．

例題 9.3 最大周波数偏移 15 kHz，最高変調周波数 3 kHz の FM 波の帯域幅 B を求めよ．

解答

式 (9.19) より，次式のようになる．

$$B = 2(15 + 3) = 36 \text{ kHz}$$

例題 9.4 位相変調波の最大位相偏移を 0.5 rad とし，3 kHz の信号で位相変調をしたとき，最大周波数偏移はいくらになるか．

解答

最大周波数偏移 Δf は，$\Delta f = \Delta \phi f_s$ で与えられる．
$$\Delta f = 0.5 \times 3 = 1.5 \text{ kHz}$$

（注：前の例題の最大周波数偏移を得るためには，10 逓倍する必要がある．）

演習問題

9.1 単一正弦波信号 $v_s = V_s \sin \omega_s t$ で，搬送波 $v_c = V_c \sin \omega_c t$ を振幅変調した場合，変調波を示す式を導け．

9.2 単一正弦波信号で振幅変調された変調波を，シンクロスコープで観測したら，最大振幅 8 V，最小振幅 2 V であった．変調度は何 % か．

9.3 変調度 80% の振幅変調波の電力は，搬送波電力の何倍となるか．

9.4 SSB について説明せよ．

9.5 最大周波数偏移 75 kHz，信号周波数 15 kHz の FM 信号の変調指数を求めよ．

9.6 問図 9.1 は，PM から等価 FM をつくる回路のブロック図である．空欄に回路名を記入せよ．

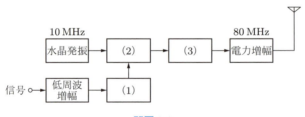

問図 9.1

9.7 最大周波数偏移 Δf が，きわめて小さい FM 波を復調する場合，一般の AM 受信機でも復調できる．どのような操作をすればよいか．

オペアンプIC

 オペアンプ

近年，集積化技術の進歩にともない，前章まで述べてきたほとんどの電子回路が，IC化されているといっても過言ではない．**オペアンプ**（operational amplifier）は，もともとはアナログ計算機の演算回路として用いられた演算増幅器のことである．現在，市販されているオペアンプICは，高利得の直流増幅器である．これを使用する場合，外部の帰還回路で負帰還をかけ，RLC などの受動素子を用い，必要な回路を構成して使用する．極言すれば，オペアンプICは1個の電子デバイスのように取り扱われている．

これから述べるオペアンプICの内部回路は，もちろん，ICだけの回路ではなく，**ディスクリート回路**（discreat circuit）でも広く使われている．

10.2 差動増幅器

差動増幅器は，図10.1に示すように，2個のデバイスから構成されている直接結合増幅器である．原理的にはオフセットやドリフトもなく，また入力ラインに発生する誘導雑音も打ち消され，これの影響は現れない．差動増幅器は古くから，**医用電子工**

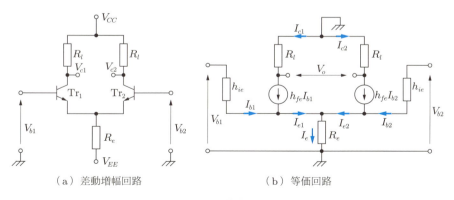

(a) 差動増幅回路　　　　(b) 等価回路

図 10.1　差動増幅器

学（medical electronics, ME）機器などで使用されていた．この場合，2個のデバイスの特性が完全にそろっており，抵抗もまた対称でなければならない．このことは集積化されることによって，熱的平衡も含めて，一段と有利になった．図 10.1（ a ）を簡略化した等価回路で表すと，同図（ b ）の回路になる．この等価回路から，

$$V_{b1} = I_{b1}h_{ie} + I_eR_e \tag{10.1}$$

$$V_{b2} = I_{b2}h_{ie} + I_eR_e \tag{10.2}$$

$$I_{c1} = h_{fe}I_{b1}, \quad I_{c2} = h_{fe}I_{b2} \tag{10.3}$$

$$V_{c1} = -I_{c1}R_l, \quad V_{c2} = -I_{c2}R_l \tag{10.4}$$

$$V_o = V_{c1} - V_{c2} \tag{10.5}$$

である．これらの式から，出力電圧 V_o は，

$$V_o = -\frac{h_{fe}R_l}{h_{ie}}(V_{b1} - V_{b2}) \tag{10.6}$$

となり，入力電圧の差に比例した電圧が得られる．これは，FET の場合も同じである．つまり，入力電圧が同相等振幅の場合，出力電圧は生じない．入力電圧に差があるときにのみ出力電圧が現れるので，**差動増幅器**（differential amplifier）とよばれる．

10.2.1 同相利得

入力電圧が同相等振幅の場合，各トランジスタの利得を同相利得という．これらを A_{v1}, A_{v2} とすると，式 (10.1)〜(10.4) より，

$$A_{v1} = A_{v2} \tag{10.7}$$

である．いま，同相利得を A_v とおくと，

$$|A_v| = |A_{v1}| = |A_{v2}| = \frac{h_{fe}R_l}{h_{ie} + 2R_e(1 + h_{fe})} \tag{10.8}$$

である．ここで，$h_{fe} \fallingdotseq 1 + h_{fe}$ ならびに $h_{ie} \ll 2R_e(1 + h_{fe})$ とすると，

$$|A_v| = \frac{R_l}{2R_e} \tag{10.9}$$

となり，R_e が大きいほど同相利得は減少する．

10.2.2 差動利得

入力電圧が逆相等振幅の場合，各トランジスタの利得を**差動利得**（differential gain）という．$v_{b1} = -v_{b2}$ が入力端子に加えられると，R_e には I_{e1} と I_{e2} が互いに逆方向に流れて打ち消され，共通エミッタ端子とアースの間の電圧 V_e は 0 となる．つまり，R_e

は交流的に短絡とみなすことができる．差動利得を A_{dv} とすると，

$$|A_{dv}| = |A_{dv1}| = |A_{dv2}| = \frac{h_{fe}R_l}{h_{ie}} \tag{10.10}$$

となる．

10.2.3 同相除去比

差動増幅器の性能を表すものとして，同相利得と差動利得の比をとった**同相除去比**（common mode rejection ratio，**CMRR**）がある．式 (10.8) と式 (10.10) から，

$$\text{CMRR} = \frac{差動利得}{同相利得} = \frac{h_{ie} + 2(1+h_{fe})R_e}{h_{ie}} \tag{10.11}$$

となり，CMRR は R_e と h_{fe} が大きいほど大きくなる．実際の IC では高抵抗をつくることが難しいので，あとで述べるトランジスタを用いた定電流回路を用いて R_e を等価的に高くし，CMRR を向上している．

10.3 ダーリントン回路

ダーリントン回路（Darlington pair）は，小さいベース電流で，コレクタ電流を大きく制御する回路である．換言すると，小さい定格電流のトランジスタと大きい定格電流のトランジスタを直結して，β の大きい 1 個のトランジスタのように動作させる回路と考えられる．また，このことは，小さいベース電流と大きいコレクタ電流であることから，高入力抵抗・低出力抵抗の素子ともいえる．図 10.2 に接続図を示す．同図において，

$$I_{e1} = I_{b2} = I_e - I_{c2} = I_e(1 - \alpha_2) \tag{10.12}$$

$$I_{c1} = \alpha_1 I_{e1} = \alpha_1 I_e(1 - \alpha_2) \tag{10.13}$$

$$I_c = I_{c1} + I_{c2} = I_{c1} + \alpha_2 I_e = I_e(\alpha_1 - \alpha_1\alpha_2 + \alpha_2) \tag{10.14}$$

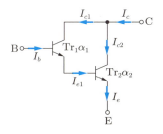

図 10.2　ダーリントン回路

が成立する．総合の α は，

$$\alpha = \frac{I_c}{I_e} = \alpha_1 - \alpha_1\alpha_2 + \alpha_2 \tag{10.15}$$

となり，β は，

$$\beta = \frac{\alpha}{1-\alpha} = \beta_1 + \beta_1\beta_2 + \beta_2 \fallingdotseq \beta_1\beta_2 \tag{10.16}$$

である．たとえば，$\alpha_1 = \alpha_2 = 0.98$ のとき，$\beta \fallingdotseq 2\,500$ というきわめて大きい値となる．

10.4 定電流回路

図 10.3 に，**カレントミラ定電流回路**（current mirror）を示す．同図において，I_{c2} が所要の定電流である．差動増幅器のところで述べた，高エミッタ抵抗 R_e のかわりに用いるには，ペアトランジスタのエミッタ共通端子に，Tr_2 のコレクタを接続すればよい．Tr_1 のコレクタ電流 I_{c1} は，

$$I_{c1} = \frac{V_{CC} - V_{be1}}{R} \fallingdotseq \frac{V_{CC}}{R} \tag{10.17}$$

である．それゆえ，Tr_1 と Tr_2 の特性が同じであれば，Tr_1 のコレクタと Tr_2 のベースは直結されているから $V_{be1} = V_{be2}$ となる．したがって，ベース電流を無視すると，$I_{c1} = I_{c2}$ が得られて目的を達する．

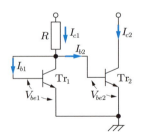

図 10.3　カレントミラ定電流回路

10.5 能動負荷

図 10.4 は，トランジスタを負荷抵抗のかわりに用い，1 段あたりの利得を増加しようというのが能動負荷回路である．Tr_3 と Tr_4 は同じ特性のトランジスタであり，カレントミラ回路を構成している．それゆえ，$I_1 = I_4$ であり，入力電圧が $V_1 = V_2$ とすれば，

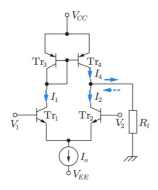

図 10.4　能動負荷回路

$$I_1 = I_2 = I_4 = \frac{I_o}{2} \tag{10.18}$$

であり，負荷抵抗 R_l に電流が流れない．もし，$V_1 > V_2$ であれば $I_1 > I_2$ となるが，カレントミラ回路で $I_1 = I_4$ が成り立つから，I_4 と I_2 の差が R_l に流れる．また，$V_1 < V_2$ の場合には R_l に逆向きの電流が流れる．つまり，差動増幅回路の出力は，シングルエンド化されたことになる．Tr_3 と Tr_4 を，Tr_1 および Tr_2 の能動負荷という．これらの負荷は定電流回路であるから，実効的な抵抗の値は大きく，高い利得が得られる．

10.6　レベルシフト回路

　直接結合増幅回路では，結合コンデンサを用いないから，後段になるほど，ベースの直流レベルが上がり，したがって出力側のコレクタの直流レベルも上昇する．このため，電源電圧を高くしないと所要の振幅が得られないことになる．このため，**レベルシフト回路**（level shifter）を用いて，後段の直流レベルを下げる方法がとられる．

　図 10.5（a）と（b）にレベルシフト回路の 1 例を示す．同図（a）は抵抗を用いた場合であり，R_1 と R_2 による分圧回路である．出力レベルを V_C，そして入力レベルを V_B とすると，

$$V_B = \frac{R_2}{R_1 + R_2} V_C \tag{10.19}$$

となり，レベルは下がるが，信号分も同様に減衰する．

　トランジスタを用いた同図（b）の回路では，点 O の直流レベル V_o は，

$$V_o = V_C - V_{BE} - I_C R_4 \tag{10.20}$$

であるから，点 O の直流レベルを 0 にするには，

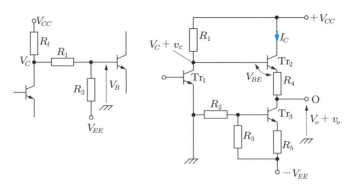

(a) 抵抗を用いる場合　　(b) トランジスタを用いる場合

図 10.5　レベルシフト回路

$$V_C = V_{BE} + I_C R_4 \tag{10.21}$$

となるように，$I_C R_4$ を決めればよい．この回路では，Tr_3 が定電流として動作し，I_C は一定である．また，シリコントランジスタでは，$V_{BE} \fallingdotseq 0.7\,\text{V}$ でほぼ一定である．Tr_2 は，Tr_3 の定電流源をエミッタ抵抗とするエミッタホロワであるから，

$$v_o \fallingdotseq v_c \tag{10.22}$$

となり，信号の減衰がなく，0 レベルを中心に振れることとなる．

　代表的なオペアンプの内部回路

　オペアンプの内部回路は，これまで述べた回路のほかに，オペアンプの種類によっていろいろな回路が使われ，また回路的な工夫がなされており複雑である．ここでは，オペアンプ IC の代表的なものとして，709 型の内部回路の概要を述べる．

　図 10.6 にその回路を示す．同図において，Q_2 と Q_3 は②③を入力端子とする差動増幅器である．この共通エミッタ端子に，Q_1 と Q_{10} の定電流回路が等価エミッタ抵抗として接続されている．R_2 と R_3 は Q_2 および Q_3 の負荷抵抗であり，この出力が Q_4，Q_5，Q_6 と Q_7 のダーリントン接続された差動増幅器の入力となる．しかし，普通の差動増幅器ではなく，Q_6，Q_7 および Q_8 により，最終的に Q_4 と Q_5 からシングルエンドの出力として次段の Q_{11} に入る．Q_{12} はレベルシフト回路を構成し，その出力で Q_{13} をはたらかせ，Q_{13} により最終段のコンプリメンタリ SEPP 回路の Q_{14} と Q_{15} を駆動し，出力は端子⑥から得られる．

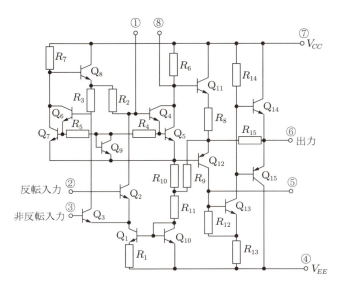

図 10.6　709 型オペアンプ内部回路

10.8　オペアンプ IC の特性

理想的なオペアンプ IC の特性は，つぎのように考えられる．

①電圧利得 A_v が無限大である．
②入力インピーダンス Z_i が無限大である．
③出力インピーダンス Z_o が 0 である．
④帯域幅 B が無限大である．
⑤オフセットおよびドリフトが 0 である．

しかし，このような特性の実現は不可能である．実際の 709 型オペアンプについてみると，表 10.1 のとおりである．現在は，これよりはるかによい性能のものがつくられている．この表の中に**スルーレート**（slew rate, **SR**）の値が出ているが，これは，

表 10.1　709 型オペアンプの特性

電圧利得	A_v	93 dB
入力インピーダンス	Z_i	250 kΩ
出力インピーダンス	Z_o	150 Ω
入力オフセット電圧	V_{off}	1 mV
入力オフセット電圧ドリフト	V_d	6 μV/°C
CMRR		90 dB
スルーレート	SR	0.3 V/μs

注）　$T = 25°C$, V_{CC}, $V_{EE} \pm 15$ V

入力にステップ状の電圧を加えたとき，出力電圧の立ち上がりの傾斜を，[V/μs] で表したものである．すなわち，帯域幅と関係のある量で，これが大きいほど広帯域特性をもつといえる．

10.9 反転増幅回路と非反転増幅回路

この回路は，オペアンプを使用する際に基本となる回路である．オペアンプは通常，図 10.7 のような記号で示される．入力端が差動増幅器であるから，二つの入力端子をもち，出力電圧の位相が入力電圧と同相になるか，あるいは逆相になるかで，⊕ 端子を非反転入力端子，⊖ 端子を反転入力端子という．

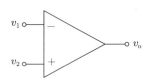

図 10.7　オペアンプの記号

オペアンプを用いた回路を考える場合，基本的な方法として二つある．その一つは，理想オペアンプの電圧増幅度は無限大であるが，負帰還をかけることによって，有限な値となり，差動入力 v_1 と v_2 の間の電圧は 0 とみなし得ることである．つぎに，入力インピーダンスを無限大と考えて，入力端子からオペアンプに電流が流れないことの二つである．

図 10.8 (a) の**反転増幅回路**（inverting amplifier）において，$i_1 = i_f$ であるから，

$$\frac{v_1 - v_i}{R_1} = \frac{v_i - v_o}{R_f} \tag{10.23}$$

$$v_i = -\frac{v_o}{A_v} \tag{10.24}$$

が成立する．この式で利得 A_v が大きいほど，点 S の電圧 v_i は 0 に近づく．この点

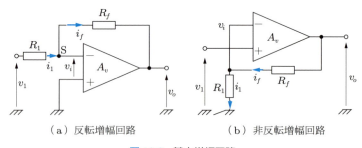

（a）反転増幅回路　　　　　　（b）非反転増幅回路

図 10.8　基本増幅回路

を**仮想接地**（virtual ground）とよぶ．式 (10.23) と式 (10.24) および $A_v = \infty$ とおくことにより，

$$\frac{v_1}{R_1} = -\frac{v_o}{R_f}$$

となり，反転増幅回路の利得 A_f は，

$$A_f = \frac{v_o}{v_1} = -\frac{R_f}{R_1} \tag{10.25}$$

で与えられ，外付けされた抵抗 R_f と R_1 で決定される．

図 10.8（b）の**非反転増幅回路**（non inverting amplifier）において，

$$\left. \begin{array}{l} v_i = \dfrac{R_1}{R_1 + R_f}\,v_o \\[2mm] v_o = A_v(v_1 - v_i) \end{array} \right\} \tag{10.26}$$

から，v_i を消去し，$A_v = \infty$ とおけば，

$$v_o = \left(1 + \frac{R_f}{R_1}\right) v_1$$

となり，この回路の利得 A_f は，

$$A_f = \frac{v_o}{v_1} = 1 + \frac{R_f}{R_1} \tag{10.27}$$

で与えられる．

10.10 位相補償

　位相補償（phase compensation）は，高利得の多段増幅器において，欠かすことのできないものであり，オペアンプのみに使われるものではない．高利得の増幅器が発振を起こすことは，しばしば経験することである．オペアンプにおける発振防止のために，適当なコンデンサを外部回路に接続することを位相補償という．最近のオペアンプでは，内部に位相補償回路があり，外部で補償をする必要がないものがつくられている．

　RC 発振回路のところで遅相型移相発振回路について述べたが，オペアンプの内部回路で，各段のトランジスタの容量などがこの移相回路を形成して，180° 位相回転が起こり，その周波数で発振すると考えればよい．図 10.9 と図 10.10 について，位相補償の原理を説明する．図 10.9 は，周波数特性が無限大の増幅器と RC 低域フィルタを組み合わせたものである．この回路は，通常の 1 段増幅回路の高域における特性

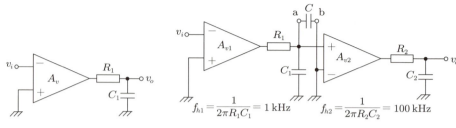

図 10.9 理想増幅器と低域フィルタ　　図 10.10 2 段増幅器と位相補償

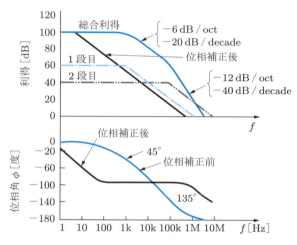

図 10.11 2 段増幅器の利得と位相特性

と等価であると考えてよい．これを 2 段としたものが，図 10.10 である．この 2 段増幅回路の利得と位相特性の 1 例を示したものが，図 10.11 である．この増幅回路の各段のしゃ断周波数を f_{h1} および f_{h2} とすると，総合的な特性は実線のように与えられ，f_{h2} 以上の周波数では $-12\,\mathrm{dB/oct}$ の傾斜となり，位相遅れは $135°$ 以上を示す．

この状態では，まだ理論的には発振が生じない．しかし実際は，配線などのわずかな容量があるから，第 3 の移相回路ができることも考えられる．このため，負帰還をかけると発振する可能性がある．3 段の増幅回路ともなれば，ますます発振の危険性がある．そこで，f_{h1} と f_{h2} よりも十分低い周波数の f_{ho} というしゃ断周波数を新たにつくるため，図 10.10 の点 a と点 b にコンデンサ C を入れて，

$$f_{ho} = \frac{1}{2\pi R_1 C} \ll f_{h1} \tag{10.28}$$

とすれば，特性は図 10.11 の破線で示したようになる．この特性は，しゃ断周波数の低い 1 段増幅回路の特性と同じであるから，負帰還をかけても発振せず動作は安定す

る．これまで述べたのは位相補償の 1 例であるが，ほかにもいろいろな補償法がある．

10.11　オフセットの調整

オペアンプを用いて，高精度の直流増幅器をつくる場合，オフセット電圧が問題となる．709 型では約 1 mV のオフセット電圧があるから，これを打ち消さなければならない．オペアンプによっては，オフセット調整端子のついているものがある．この場合はその端子に可変抵抗器をつけて，入力 0 の場合，出力を 0 とすればよい．709 型のような場合は，図 10.12 のような回路を外部につけて調整をする．

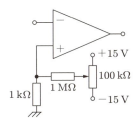

図 10.12　オフセット調整回路

10.12　オペアンプ IC 応用回路

オペアンプ IC は高利得直流増幅器であるから，これを用いれば，交流増幅器や，各種発振器などいろいろな回路が構成できることが予想される．ここでは，代表的ないくつかの回路について述べる．

10.12.1　単電源低周波増幅器

オペアンプでは一般に正負の両電源が必要であるが，これを単電源で動作させることもできる．この場合，図 10.13 に示すように，入力の ⊕ 端子に $1/2\,V_{CC}$ を加え，⊖ 電源端子を接地するとよい．この回路では，$f = 16\,\text{Hz} \sim 100\,\text{kHz}$ で，ほぼ 40 dB の利得が得られる．外部位相補償回路は省略してあるが，規格表をみて適当な値のコンデンサを接続しなければならない．

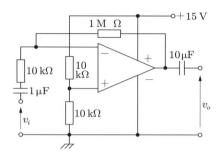

図 10.13　単電源低周波増幅器

10.12.2　加算回路

図 10.14 は位相補償回路が内蔵されたオペアンプを使用した**加算回路**（adder）である．同図において，

$$v_o = -R_4 \left(\frac{v_1}{R_1} + \frac{v_2}{R_2} + \frac{v_3}{R_3} \right) \tag{10.29}$$

であるから，$R_1 = R_2 = R_3 = R_4 = R$ とすれば，

$$v_o = -(v_1 + v_2 + v_3) \tag{10.30}$$

となり加算回路となる．

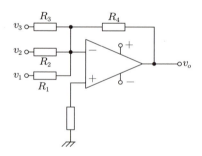

図 10.14　加算回路

10.12.3　減算回路

図 10.15 に**減算回路**（subtracter）を示す．この回路は差動増幅回路本来の使い方と考えられる．入力 v_1 と v_2 はアースに対する電圧であり，入力ラインに同相等振幅の誘導雑音が混入しても出力には現れない．同図において，

$$v_o = \frac{(R_1 + R_2)R_4}{(R_3 + R_4)R_1} v_2 - \frac{R_2}{R_1} v_1 \tag{10.31}$$

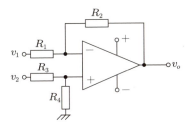

図 10.15　減算回路

となるから，$R_1 = R_3$ および $R_2 = R_4$ ならば，

$$v_o = \frac{R_2}{R_1}(v_2 - v_1) \tag{10.32}$$

が得られ，減算回路となる．

10.12.4　微分回路

図 10.16 に**微分回路**（differentiator）を示す．この回路は，図 10.8（a）における R_1 のかわりに C を接続した回路である．

$$v_o = -v_i \frac{R}{\dfrac{1}{j\omega C}} = -j\omega C R v_i \tag{10.33}$$

となり，$j\omega = d/dt$ から，

$$v_o = -\frac{dv_i}{dt} CR \tag{10.34}$$

となり，微分回路となる．

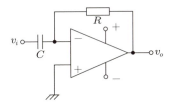

図 10.16　微分回路

10.12.5　積分回路

図 10.16 の C と R を入れ換えると，図 10.17 の**積分回路**（integrator）となる．微分回路と同様にして，

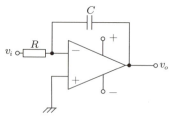

図 10.17 積分回路

$$v_o = -\frac{1}{RC}\int v_i\,dt \tag{10.35}$$

となり，積分回路となる．

10.12.6 アクティブフィルタ

低周波の LC フィルタは，インダクタンス L が大きくなり，寸法的にも経済的にも不利なので RC フィルタが用いられることが多い．RC フィルタとデバイスを組み合わせたものを**アクティブフィルタ**（active filter）という．

LC フィルタの基本は LC の共振回路であり，共振回路の抵抗分は一般に小さいので Q が高い回路，換言すれば選択性およびしゃ断特性のよいフィルタ回路が得られる．しかし，RC を用いたフィルタは，抵抗 R による損失が大きいから，Q の高いフィルタは得られない．それゆえ，抵抗による損失をデバイスで補うと，実効的な Q が高くなり，特性のよいフィルタが得られる．これがアクティブフィルタの基本的な考えである．

デバイスとして，オペアンプを使用したアクティブフィルタが，近年多く用いられている．その1例を図 10.18 に示す．これは，オペアンプを2個用い，Q を可変とした**Tノッチフィルタ**（T notch filter）である．このフィルタは，通信用受信機において，接近した妨害波を低周波段で除くために用いられる．図 10.19 にその特性を示す．同

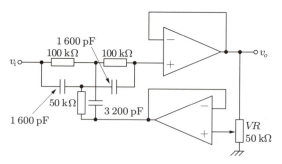

図 10.18 可変 Q の Tノッチフィルタ

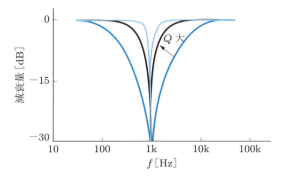

図 10.19　Tノッチアクティブフィルタの特性（$f = 1\,\mathrm{kHz}$）

図のように，Q を高くすることによって鋭い**ナル特性**（null character）が得られる．

例題 10.1 図 10.1 に示した差動増幅器の CMRR は何 dB か．ただし，$h_{ie} = 500\,\Omega$，$h_{fe} = 100$，および $R_e = 100\,\mathrm{k}\Omega$ とする．

解答

式 (10.11) より，次式のようになる．

$$\mathrm{CMRR} = \frac{500 + 2(1 + 100) \times 100 \times 10^3}{500} \fallingdotseq 40\,400$$

$20 \log 40\,400 \fallingdotseq 92\,\mathrm{dB}$

例題 10.2 図 10.8（a）と（b）の回路で，$R_1 = 10\,\mathrm{k}\Omega$，$R_f = 100\,\mathrm{k}\Omega$ としたときの，利得 A_f と入力インピーダンス R_i を求めよ．

解答

式 (10.25) と式 (10.27) より，

反転の場合　$A_f = -\dfrac{100}{10} = -10$

非反転の場合　$A_f = 1 + \dfrac{100}{10} = 11$

R_i は，反転のとき，点 S が仮想接地点であるから，$R_i \fallingdotseq R_1 = 10\,\mathrm{k}\Omega$．また非反転のとき，理想オペアンプと考えて $R_i = \infty$．

計算によると，R_i は，

反転の場合　$R_i = R_1 + \dfrac{R_f}{A_v}$

非反転の場合　$R_i = \dfrac{A_v Z_i}{1 + \dfrac{R_f}{R_1}}$

で与えられる．ここで，Z_i はオペアンプの＋−入力端子からみたインピーダンスである．709 型（表 10.1 参照，$A_v = 93\,\mathrm{dB} \fallingdotseq 4.5 \times 10^4$）について，前述の回路を計算すると，それぞれ，

$$R_i = 10 + \frac{100}{4.5 \times 10^4} \fallingdotseq 10\,\mathrm{k\Omega}$$

$$R_i = \frac{4.5 \times 10^4 \times 250}{1 + \dfrac{100}{10}} \fallingdotseq 1\,023\,\mathrm{M\Omega}$$

となる．一般の増幅回路では，このような高抵抗は無限大と考えてよいであろう．つぎに，オペアンプ回路の出力インピーダンス R_o についても触れておく．理想オペアンプでは，R_o は 0 であるが，計算によると，反転および非反転増幅回路ともに，

$$R_o \fallingdotseq \frac{Z_o}{A_v}\left(1 + \frac{R_f}{R_1}\right)$$

となる．ただし，Z_o は現実のオペアンプの出力インピーダンスである．再び 709 型について，前述の回路の R_o を求めると，$Z_o = 150\,\Omega$ であるから，

$$R_o \fallingdotseq \frac{150}{4.5 \times 10^4}\left(1 + \frac{100}{10}\right) \fallingdotseq 3.7 \times 10^{-2}\,\Omega$$

となり，きわめて小さい値であるから，一般には 0 と考えてよいであろう．

演習問題

10.1 理想オペアンプの特性を述べよ．
10.2 差動増幅器は，なぜ ME 機器（たとえば脳波測定用増幅器）に用いられるか．
10.3 式 (10.8) を導け．
10.4 問図 10.1 のダーリントン回路を説明せよ．

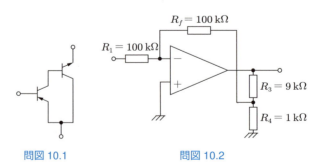

問図 10.1　　　　　問図 10.2

10.5 直接結合増幅回路で，レベルシフト回路が用いられる理由を述べよ．
10.6 CMRR について述べよ．
10.7 仮想接地について述べよ．
10.8 問図 10.2 のオペアンプ増幅器の電圧利得は何 dB か．

第11章 パルス回路

11.1 パルス回路の基本と波形整形

11.1.1 パルス

(1) パルス波形

パルス（pulse）波形は，非正弦波的な波形の総称ということができる．いくつかの例を図 11.1 に示す．これらは周期的な波形であるが，そのほかに非周期的波形や，孤立して1回だけ現れるパルス波もある．同図（a）は，最も代表的なパルス波で周期的方形波とよばれ，本章で取り扱う波形もほとんどの場合，この方形波である．

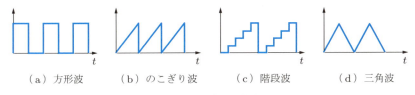

（a）方形波　　（b）のこぎり波　　（c）階段波　　（d）三角波

図 11.1　パルス波形

現実の方形波は，図 11.2 において破線で示すような理想的な波形とはかなり異なっている．そのため，理想的な方形波と実際の方形波との相違を，いろいろなパラメータを用いて表現する．同図に示されている時間のパラメータはつぎのように定義される．

t_d：**遅延時間**（delay time）　理想的パルスが出現する時刻から実際のパルスが振幅の 10% になるまでの時間，あるいは振幅の 10% から 0 になるまでの時間．

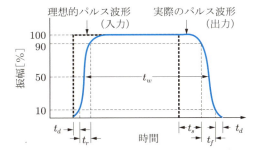

図 11.2　パルス波形の時間パラメータ

t_r：**立ち上がり時間**（rise time） 振幅の 10% から 90% に達するまでの時間.

t_f：**立ち下がり時間**（fall time） 振幅の 90% から 10% に減少するために必要な時間.

t_s：**キャリア蓄積時間**（carrier storage time） 半導体素子を用いたパルス回路において生じる現象であり，ダイオードの接合部あるいはトランジスタのベース領域に蓄えられた電荷の影響による．理想的パルスが，立ち下がるべき時刻から実際のパルスが振幅の 90% に達するまでの時間．

t_w：**パルス幅**（pulse width） 振幅が 50% 以上ある時間間隔．

また，IC などでは，$t_d + t_r$ を**ターンオン時間**（turn on time）t_{ON}，$t_s + t_f + t_d$ を**ターンオフ時間**（turn off time）t_{OFF} ということもある．さらに，パルス幅と周期との比を**デューティ比**（duty cycle）という．

(2) パルス波の周波数成分

パルス波は，いろいろな周波数成分をもつ正弦波を重ね合わせたものと考えられる．図 11.3（a）に示す周期 T およびパルス幅 τ の理想的方形波の，周波数成分を求める．方形波を，

$$v(t) = \begin{cases} 1 & (|t| \leqq \tau/2) \\ 0 & (\tau/2 < |t| < T/2) \end{cases} \tag{11.1}$$

とすると，フーリエ級数展開により，

$$v(t) = \frac{\tau}{T} + \sum_{n=1}^{\infty} \frac{2}{\pi n} \sin \frac{\pi n \tau}{T} \cos \frac{2\pi n}{T} t \tag{11.2}$$

となる．これを，周波数を横軸に，各周波数成分の振幅を縦軸にとって表した周波数スペクトルを示すと図 11.3（b）のようになる．同図からわかるように，パルス波は，か

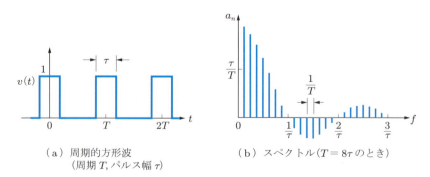

（a）周期的方形波
（周期 T，パルス幅 τ）

（b）スペクトル（$T = 8\tau$ のとき）

図 11.3　周期的方形波のスペクトル

なり高い周波数成分を含むから，パルス回路において用いる抵抗やコンデンサ，あるいはトランジスタなどの半導体素子は，高周波特性がすぐれていることが必要である．

11.1.2 CR 回路のステップ応答 (step response)

パルス回路の動作を理解するためには，CR 回路の過渡現象を理解することが不可欠である．図 11.4 の回路に同図 (b) の入力があるとする．このとき，電流 $i(t)$，抵抗の電圧降下 $v_R(t)$ およびコンデンサの端子間電圧 $v_C(t)$ を求める．ステップ入力のように立ち上がりの急峻な波形には，数多くの高周波成分が含まれており，コンデンサは，ほとんど短絡状態にあると考えられる．したがって，入力直後には抵抗の端子間電圧は，入力電圧 E に等しくなる．その後，入力電圧が一定値になると，コンデンサに電荷が充電されて電圧が上昇し，その分，抵抗の端子電圧が低下する．コンデンサが完全に充電されると回路に電荷の移動がなくなり，電流と抵抗の端子間電圧が 0 となる．

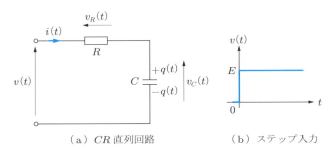

(a) CR 直列回路　　(b) ステップ入力

図 11.4　CR 直列回路のステップ応答

いま，図 11.4 において，時刻 t におけるコンデンサの電荷を $q(t)$ とすると，

$$q(t) = Cv_C(t), \quad v_R(t) = Ri(t), \quad i(t) = \frac{dq(t)}{dt} \tag{11.3}$$

および，

$$v_R(t) + v_C(t) = E \quad (t \geqq 0) \tag{11.4}$$

である．式 (11.3) と式 (11.4) から，

$$CR\frac{dv_C(t)}{dt} + v_C(t) = E \tag{11.5}$$

となる．式 (11.5) を，初期条件 $v_C(0) = 0$ のもとで解くと，

$$v_C(t) = E(1 - e^{-t/CR}) \tag{11.6}$$

を得る．また，式 (11.3) と式 (11.4) から，

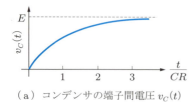
（a）コンデンサの端子間電圧 $v_C(t)$

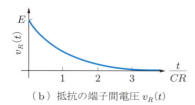
（b）抵抗の端子間電圧 $v_R(t)$

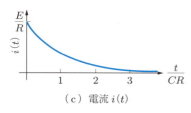
（c）電流 $i(t)$

図 11.5　ステップ応答波形

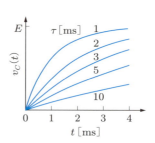

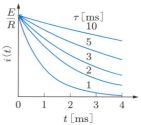

図 11.6　いろいろな時定数に対する
　　　　ステップ応答

$$v_R(t) = Ee^{-t/CR} \tag{11.7}$$

$$i(t) = \frac{E}{R} e^{-t/CR} \tag{11.8}$$

となる．式 (11.6)～(11.8) の波形を図 11.5 に示す．

　積 CR は，時間の次元をもち波形の形状を決定するパラメータで，**時定数**（time constant）という．式 (11.6) から，時定数だけ時間が経過したあとの電圧値は，最終電圧値の約 63% に達する．したがって，電圧波形の立ち上がりが速いか遅いかは，この時定数の大小によって決定される．時定数が小さければ，すばやい立ち上がりとなり，大きければゆっくり立ち上がる．図 11.6 に，いろいろな時定数 τ に対する波形を示す．

　立ち上がり時間 t_r と時定数 CR との関係は，式 (11.6) で $t = t_1$ のとき振幅が 10%，$t = t_2$ のとき振幅が 90% になるとすれば，

$$\left. \begin{array}{l} 0.1E = E(1 - e^{-t_1/CR}) \\ 0.9E = E(1 - e^{-t_2/CR}) \end{array} \right\} \tag{11.9}$$

であるから，

$$t_r = t_2 - t_1 = CR \ln 9 = 2.2 CR \tag{11.10}$$

となる．つまり，時定数の 2.2 倍が立ち上がり時間と考えることができる．

ところで，図 11.5 の応答波形は正のステップ入力に対するものであるが負のステップ入力に対する応答波形は，図 11.5 を時間軸に対して対称にしたものになる．したがって，図 11.7（a）のような方形波を同図（b）のように正負二つのステップに分解し，それぞれの出力波形を重ね合わせることにより，方形波に対する応答波形を求めることができる（図 11.8 参照）．

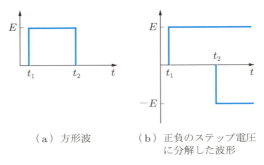

（a）方形波　　（b）正負のステップ電圧に分解した波形

図 11.7　方形波の考え方

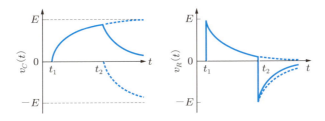

図 11.8　CR 回路のパルス応答（実線：実際の応答波形，破線：ステップ応答波形）

11.1.3　微積分回路

CR 直列回路の時定数が小さいとき，抵抗の端子間電圧を出力として取り出すことを考える．時定数を CR，入力方形波のパルス幅を T とすると，$CR \ll T$ のとき出力波形は，図 11.9 のようになる．この波形が，入力波形をあたかも微分したような関係になっていることから，**微分回路**（differentiator）とよばれ，**マルチバイブレータ**（multivibrator）の**トリガ**（trigger）回路などに利用される．微分回路として用いる場合，時定数 CR は入力パルス幅の 10% 以下であることが望ましい．また，抵抗は微分回路の前段の回路の出力インピーダンスを Z_i，後段の入力インピーダンスを Z_o とすると，$Z_i \ll R \ll Z_o$ を満たすように決める．さらに，実際の方形波の立ち上がり時間が 0 でないことから，微分回路の出力電流はコンデンサの容量に比例する．したがって，コンデンサの値は，上の条件を満たす範囲でできるだけ大きな容量のものを

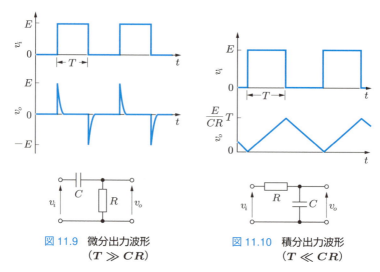

図 11.9 微分出力波形 ($T \gg CR$)

図 11.10 積分出力波形 ($T \ll CR$)

用いたほうがよい微分波形が得られる．

　つぎに，CR 直列回路の時定数が大きいとき，コンデンサの端子間電圧を出力として取り出すことを考える．この場合，方形波入力に対する出力波形は，図 11.10 のようになる．この波形が，入力波形を積分したような関係になっていることから，**積分回路**（integrator）とよばれる．この場合の時定数は，入力パルス幅の 20 倍以上であることが望ましいが，時定数が大きいほど出力電圧の振幅が小さくなるので注意しなければならない．つまり，図 11.10 の出力電圧 v_o は，$T \ll CR$ のとき，式 (11.6) の第 1 近似として，$v_o = ET/CR$ となり，かなり小さな値しか得られないことになる．

11.1.4　波形整形回路

(1) ダイオード逆方向回復特性

　抵抗，コンデンサおよびダイオードにより構成された回路によって，パルス波の形状をいろいろ変えることができる．この回路は，一般的に，波形整形回路とよばれ，パルス波形を操作する場合の重要な回路である．ここでは，最初，ダイオードをパルス回路素子として用いる場合に問題となる点について述べる．

　ダイオードをパルス回路に用いる場合には，ダイオードの順方向を**スイッチオン**（switch on），逆方向を**スイッチオフ**（switch off）とするスイッチ素子として取り扱う．しかし，順方向の場合に，アノード電圧が 0 から少しでも正になると，すぐに電流が流れ出すのではなく，ある程度の大きさの電圧が加えられるまで逆方向のような状態が続く．この電圧は，立ち上がり電圧とよばれる．したがって，立ち上がり電圧以上の電圧がアノードに加えられた場合，ダイオードはオン状態，それ以下の場合に

はオフ状態にあると考える．一方，オン状態にあるダイオードに逆方向電圧を急に加えた場合，ただちにオフ状態にはならず，短時間ではあるが，大きな逆方向電流が流れる．

ダイオードは，逆方向耐圧を大きくするために，p 型域あるいは n 型域のいずれかの不純物濃度が小さくなるようにつくられている．いま，n 型中の不純物濃度が小さいとすると，オン状態にあるとき，p 型域の正孔が n 型中に入り込み，拡散長内で電子と結合せずに正孔として存在する．したがって，n 型域の拡散長内および空乏層に正孔が蓄えられる．そこで，逆方向に電圧が加えられると，この蓄積された正孔が空乏層を通って，ある一定時間，n 型域から p 型域のほうへ移動し，逆方向へ電流が流れることになる．蓄積された正孔がなくなると，逆方向電流は 0 となり通常のオフ状態になる．この様子を図 11.11 に示す．

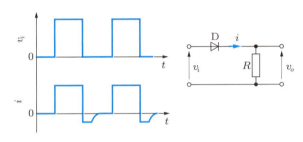

図 11.11　ダイオードのパルス応答

逆方向電流は，一定時間，一定電流を保ち，その後減少する．一定電流値の 10% になるまでの時間を逆方向回復時間という．一般のダイオードの場合，ゲルマニウム・ダイオードで 1 μs，シリコン・ダイオードで 4 ns 程度である．パルス回路では，立ち上がり（立ち下がり）時間の小さな方形波や高周波パルスを用いるため，**逆方向回復特性**（reverse recovery characteristics）の影響が大きい．したがって，点接触型ダイオードや，金を**ドーピング**（doping）した高周波用ダイオードを用いるなどの工夫が必要である．また，**ステップリカバリダイオード**（step-recovery diode, SRD）などの高速応答用ダイオードもつくられている．

(2) クリップ回路

クリップ回路（clipping circuit）は，波形の一部をある一定のレベルで切り取る回路で，抵抗，ダイオードおよびバイアス電源から構成される．図 11.12 は，クリップ回路の一例である．

同図において，ダイオードを理想的に考え，立ち上がり電圧を 0 とする．したがって，ダイオードのカソード電圧が，バイアス電圧 E より大きければ，ダイオードはオ

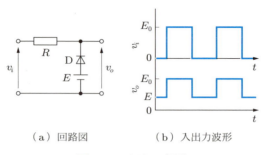

（a）回路図　　　（b）入出力波形

図 11.12　クリップ回路

フとなり，出力電圧は，入力電圧に等しく v_i となる．一方，カソード電圧が E より小さければオンとなり，出力は E となる．つまり，$v_i \geqq E$ のとき，$v_o = v_i$，$v_i < E$ のとき，$v_o = E$ となる．この電圧 E を，クリップ回路のクリップレベルという．それゆえ，振幅 E_o（$> E$）の方形波が入力すると，出力は図 11.12（b）のようになり，E 以下の波形が切り取られた形となる．図 11.12（a）の回路を下側クリップ回路というが，ダイオードやバイアス電源の向きにより，いろいろなクリップ回路を構成することができる．いくつかの例を図 11.13 に示す．

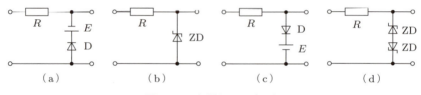

（a）　　　（b）　　　（c）　　　（d）

図 11.13　各種クリップ回路

クリップ回路におけるクリップレベルは電池により与えられるが，回路の一部に電池を用いることは回路を複雑にするから，**ツェナーダイオード**（Zener diode）で代用することがある．よく知られているように，ツェナーダイオードの順方向特性は，一般的なダイオードと同じである．しかし，逆方向では，ツェナー電圧とよばれるある一定の電圧に達すると，急激に電流が流れてオンと同じ状態になる．つまり，順方向電圧が加えられているときオン，ツェナー電圧以下の逆方向電圧でオフ，そしてツェナー電圧以上の逆方向電圧でオンとなり，ダイオードの端子間電圧は，ツェナー電圧と等しい電圧値となる．

したがって，図 11.13（b）の回路においてツェナー電圧を E_z とすると，ダイオードのカソード電圧が E_z より大きければオンで $v_o = E_z$ となり，E_z より小さければオフであるから $v_o = v_i$ となる．カソード電圧が負のときダイオードは，オンであるから $v_o = 0$ となる．それゆえ，図 11.13（b）の回路に方形波を入力したときの出力波形は，

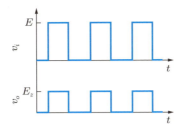

図 11.14　図 11.13(b)の入出力波形（E_z：ツェナー電圧）

図 11.14 のようになる.

　実際のクリップ回路では，ダイオードの立ち上がり電圧が 0 でないことから，バイアス電源の電圧あるいはツェナー電圧を，立ち上がり電圧を考慮して補正し，クリップレベルを決定しなければならない.

　また，図 11.13(d)は，クリップ回路の一種であるが，出力電圧を上下のある一定のレベル内に制限するので，**リミット回路**（limitter）ともいう.

(3) クランプ回路

　クランプ回路（clamper）は，直流再生回路とよばれ，出力のレベルをある一定のレベルに固定する回路である．回路は，抵抗，コンデンサ，ダイオードおよびバイアス電源から構成される．図 11.15(a)に，クランプ回路の一例を示す．同図において，抵抗 R は，ダイオードの順方向抵抗 R_F より大きく逆方向抵抗 R_R より小さいものとする．また，コンデンサ C の容量は十分大きく，時定数 CR が入力の周期の数十倍になるものとする.

　図 11.15(b)に示すように，正電圧が加えられると，ダイオードは順バイアスであるからオンとなる．$R_F \ll R$ であるから，回路の時定数は CR_F となり，R_F が小さいため時定数も小さく，コンデンサはすばやく充電される．このときの出力電圧は，理想的なダイオードの場合，0 となる．つぎに，入力が 0 になると，コンデンサの端子電

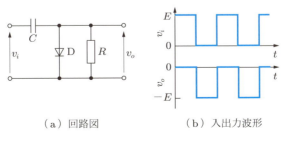

（a）回路図　　　　　（b）入出力波形

図 11.15　クランプ回路

圧が，ダイオードを逆バイアスするからオフとなり，コンデンサに蓄えられた電荷は，抵抗 R を通して放電される．しかし，時定数 CR が大きいため，つぎのパルスが入力するまでに，コンデンサに蓄積された電荷は，ほとんど放電されず，端子間電圧はわずかしか減少しない．つまり，コンデンサを電池と同様な素子と考えることができる．このときの出力電圧は，$-E$ となる．以上のことから，出力波形は，同図（b）のように，0以下に波形が押し下げられた形となる．このことを，クランプレベル0Vにクランプしたという．クランプ回路も，ダイオードやバイアス電源の向きにより，いろいろな回路が考案されており，図 11.16 にいくつかの例を示す．

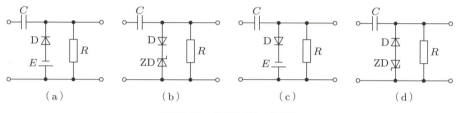

図 11.16　各種クランプ回路

11.2　トランジスタパルス回路

11.2.1　トランジスタのパルス応答

　パルス回路において，トランジスタは，信号の増幅をする素子としてばかりでなく，スイッチ作用をする素子としても用いられる．図 11.17（a）の基本的なエミッタ接地回路における，パルス応答について考える．同図（b）に，トランジスタの静特性を示す．同図において，点 A より左側の青い部分を**飽和領域**（saturation region），点 B より下側の灰色の部分を**しゃ断領域**（cut-off region），そしてその間の部分を**能動（活性）領域**（active region）という．

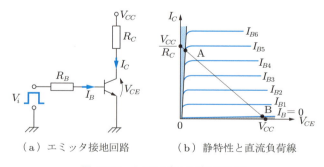

（a）エミッタ接地回路　　（b）静特性と直流負荷線

図 11.17　トランジスタパルス回路

コレクタ電流を I_C，コレクタ・エミッタ間電圧を V_{CE}，電源電圧を V_{CC}，および抵抗を R_C とすると

$$V_{CE} = V_{CC} - R_C I_C \tag{11.11}$$

となる．式 (11.11) は，直流負荷線とよばれ，ベース電流を増加させていくとき直流負荷線と静特性曲線との交点で決まる，I_C と V_{CE} の値しかとれないことを表している．この交点を動作点という．

ベース電流が 0 のとき，動作点はしゃ断領域（点 B）にあり，わずかなコレクタ電流が流れるだけである．このときコレクタ・エミッタ間の電圧は，ほぼ V_{CC} に等しい．したがって，電流が小さく，電圧が大きいから，点 B でのコレクタ・エミッタ間抵抗は，非常に大きいと考えられる．つぎにベース電流を増加させていくと，それ以上ベース電流を増してもコレクタ電流が増加しなくなる点に達する．この点が点 A で，飽和領域に達したことになる．このとき，コレクタ・エミッタ間飽和電圧 $V_{CE(\text{sat})}$ は小さくて，飽和コレクタ電流は大きいから，コレクタ・エミッタ間抵抗は小さいと考えることができる．一般的に，コレクタ・エミッタ間抵抗は，飽和状態のとき数十 Ω，しゃ断状態のとき数十 $\text{M}\Omega$ である．この二つの状態の抵抗差が大きいので，飽和状態をオン，しゃ断状態をオフとみなして，トランジスタをスイッチ素子として取り扱うことが可能となる．

パルス回路におけるトランジスタの電流増幅率は，直流パラメータが用いられ，エミッタ接地直流電流増幅率を h_{FE}，ベース電流を I_B，そのとき流れるコレクタ電流を I_C とすると，能動領域において，

$$I_C = h_{FE} I_B \tag{11.12}$$

となる．しゃ断状態では，$I_C = I_{CB0}$（$\fallingdotseq 0$）であり，飽和状態では，$I_C < h_{FE} I_B$ となる．したがって，I_C が飽和コレクタ電流であれば，供給すべきベース電流は，式 (11.12) で与えられる I_B より大きくなければならない．また，しゃ断状態におけるベース・エミッタ間電圧 $V_{BE(\text{off})}$，飽和状態におけるベース・エミッタ間電圧 $V_{BE(\text{sat})}$，コレクタ・エミッタ間電圧 $V_{CE(\text{sat})}$ などの接合電圧は，Si の npn トランジスタを例にとると，代表的な値は，それぞれ $-0.5\,\text{V}$，$0.7\,\text{V}$ および $0.3\,\text{V}$ 程度の小さなものであるが，振幅の小さなパルスを取り扱う場合には影響が大きくなるので注意を要する．

さて，図 11.17（a）の回路に方形波を入力すると，コレクタ電流は，図 11.18 に示すような変化をする．ベース入力が加えられてもコレクタ電流はすぐに流れず，遅延時間 t_d ほど経過してから能動状態に入る．さらに，立ち上がり時間 t_r が経過してから，ほぼ V_{CC}/R_C となり飽和状態となる．このあと，入力パルスが終了してもキャリア蓄積時間 t_s の間，飽和状態が続き，立ち下がり時間 t_f と遅延時間 t_d を経過した

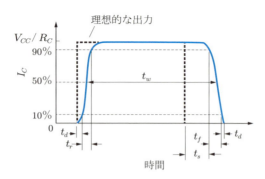

図 11.18 トランジスタのパルス応答

後，しゃ断状態に戻る．したがって，t_r，t_s と t_f などの時間が小さければ小さいほど入力波形に近い出力波形が得られることになる．t_r はトランジスタの周波数特性により決まるが，コレクタ電流を飽和させるために必要な最小ベース電流の数倍のベース電流を入力することにより，小さくすることができる．このことを，**オーバドライブ**（overdrive）をかけるという．

しかし，ベース電流を大きくすると，ベース領域のキャリア蓄積が多くなり，t_s を大きくしてしまう．そのため，立ち上がりの部分だけオーバドライブをかけ，蓄積されたキャリアをすばやく除くために，立ち下がりの部分で逆方向ベース電流が流れるようにすれば，t_r，t_s と t_f のいずれも小さくすることができる．一般に，コレクタ電流を飽和させるために必要な最小ベース電流の 2 倍のベース電流を入力すると，立ち上がり時間は 1/3 に，3 倍のベース電流を入力すると 1/5 になる．

このことを実現するための一つの方法が，抵抗 R_B に並列に適当な容量のコンデンサを接続する方法である．このコンデンサをその効果から**スピードアップコンデンサ**（speed-up capacitor）という．コンデンサを接続すると，入力パルスが加えられた瞬間のベース電流は，抵抗 R_B を流れる成分とコンデンサの充電電流成分の和となる．つまり，充電電流成分だけベース電流が増加したと考えられる．コンデンサの充電が完了すると，ベース電流は抵抗 R_B を流れる成分だけになるから，キャリア蓄積を小さくできる．パルスが終了すると，コンデンサの端子間電圧はベース・エミッタ間の逆バイアス電源として作用し，ベース領域中の蓄積されたキャリアの減少を促進する．

11.2.2 インバータ回路

インバータ回路（inverter）は，実用的なトランジスタスイッチング回路であり，各種の波形発生回路の基本となる回路である．図 11.19（a）と（b）に，それぞれ回路と入出力波形を示す．

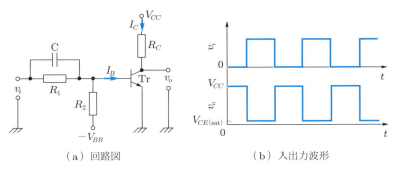

（a）回路図　　　　　　　（b）入出力波形

図 11.19　インバータ回路

　ベースバイアス電源 $-V_{BB}$ は，しゃ断状態を確実にすると同時に，入力パルスが終了したときにスピードアップコンデンサ C とともにベース・エミッタ間を逆バイアスして，キャリア蓄積時間を小さくするために用いられる．入力がないとき，トランジスタは $-V_{BB}$ によりベース電圧が負となるため，オフ状態であり，コレクタ電流はほぼ 0 となる．このとき，ベース電圧は $V_{BE(\text{off})}$ であるから，ベースにおいて，逆方向ベース電流を I_{CB0} とすると，

$$\frac{V_{BE(\text{off})}}{R_1} + \frac{V_{BE(\text{off})} + V_{BB}}{R_2} = I_{CB0} \tag{11.13}$$

となる．通常，I_{CB0} はきわめて小さいため無視できる．入力が加えられると，トランジスタはオン状態になり，飽和コレクタ電流が流れる．コレクタ電流 I_C は，コレクタ・エミッタ間が $V_{CE(\text{sat})}$ であるから，

$$I_C = \frac{V_{CC} - V_{CE(\text{sat})}}{R_C} \tag{11.14}$$

となる．トランジスタの直流電流増幅率を h_{FE} とすると，ベース電流 I_B とコレクタ電流は $I_B = K I_C / h_{FE}$ となる．ここで K は，オーバドライブの程度を表す係数で 2～10 の値をとる．したがって，オン状態ではベースにおいて，入力方形波の波高値を E とすると，

$$\frac{E - V_{BE(\text{sat})}}{R_1} = \frac{V_{BE(\text{sat})} + V_{BB}}{R_2} + I_B \tag{11.15}$$

となる．

11.3 マルチバイブレータ

11.3.1 双安定マルチバイブレータ

図 11.20 に示す回路は，直流結合 2 段増幅回路と同じであるから，入力（点 A）と出力（点 B）は同極性となる．そこで，点線で示すように，点 A と点 B を接続したとする．回路中には，熱雑音などの微小電圧変化が必ず存在し，その電圧変化は点 B に現れる．いま，点 B の電圧が増加するように変化したとすれば，点 A の電圧も増加し Tr_1 のベース電流が増加する．このため，Tr_1 のコレクタ電流が増加しコレクタ電圧が減少する．Tr_1 のコレクタは抵抗 R_{21} を通して Tr_2 のベースに接続されているから，Tr_2 のベース電圧が低下しベース電流が減少する．このため，Tr_2 のコレクタ電流が減少してコレクタ電圧が増加する．これらの変化はそれぞれの変化を促進する作用，すなわち正帰還作用であり，Tr_1 が飽和状態に，Tr_2 がしゃ断状態になるまで続く．この状態は，これを変えるような大きな電圧変化が回路に加えられないかぎり保持される．

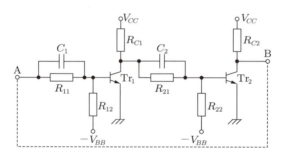

図 11.20 双安定マルチバイブレータ

そこで，Tr_1 のベースに負の電圧を加えると，以下に示すような正帰還作用により，Tr_1 がオフ，Tr_2 がオンとなって安定する．

　　①Tr_1 のコレクタ電圧が増加

　　②Tr_2 のベース電圧が増加

　　③Tr_2 のベース電流が増加

　　④Tr_2 のコレクタ電圧が減少

　　⑤Tr_1 のベース電圧が減少

　　⑥Tr_1 のベース電流が減少（①に戻る）

もちろん，このような正帰還作用が生じるのは，増幅回路のループ利得が 1 以上の場合であり，回路の周波数特性と遅延時間特性によって決定される非常に短い時間で動作が完了する．

この回路は，二つの安定状態をもつことから，**双安定マルチバイブレータ**（bistable multivibrator），あるいは動作の様子から**フリップフロップ**（flip-flop, FF）とよばれ，方形波発生回路として用いられる．

(1) コレクタ結合双安定マルチバイブレータ

図 11.21 は，コレクタ結合双安定マルチバイブレータ回路である．この回路は，図 11.20 を描き換えただけである．ただし，抵抗やコンデンサの値は左右対称に選ばれている．

電源を投入すると，素子のばらつきのために，いずれか一方のトランジスタがオンで他方がオフになって安定する．いま，Tr_1 がオフで Tr_2 がオンであるとする．このとき Tr_2 に関して，コレクタ電流 I_C は，

$$I_C = \frac{V_{CC} - V_{CE(\text{sat})}}{R_C} \tag{11.16}$$

であり，ベース電流は，オーバドライブを K 倍にすると $I_B = KI_C/h_{FE}$ である．ここで，Tr_2 のベースに関して，電流は，

$$\frac{V_{CC} - V_{BE(\text{sat})}}{R_C + R_1} = I_B + \frac{V_{BE(\text{sat})} + V_{BB}}{R_2} \tag{11.17}$$

となる．また，Tr_1 のベースに関して，逆方向ベース電流を I_{CB0} とすると，

$$\frac{V_{CE(\text{sat})} - V_{BE(\text{off})}}{R_1} + I_{CB0} = \frac{V_{BE(\text{off})} + V_{BB}}{R_2} \tag{11.18}$$

である．つぎに，オントランジスタ Tr_2 のベースに負の電圧を瞬間的に加えると，前述の正帰還作用が生じて Tr_1 がオン，Tr_2 がオフとなり，状態の反転が起こる．このような状態の反転を発生させる電圧を加えることを，銃の引金を引くことにたとえて，

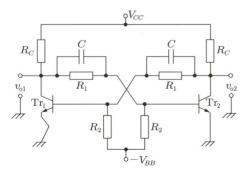

図 11.21 コレクタ結合双安定マルチバイブレータ

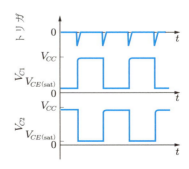

図 11.22 コレクタ結合双安定マルチバイブレータの出力波形

トリガという.

　双安定マルチバイブレータにおけるトリガは, 対称トリガ, すなわち Tr_1 と Tr_2 の
ベースに同時にトリガを入力する方法が用いられる. トリガが入力されると両トランジスタが一瞬オフとなるが, スピードアップコンデンサのメモリ作用, すなわち, トリガが入力する以前の状態を記憶しているはたらきによって, 状態の反転が確実に行われる. たとえば, 図 11.21 において, Tr_1 がオフ, Tr_2 がオンで, 両ベースに負のトリガを加えた場合を考える. Tr_1 のベース電圧は $V_{BE(\text{off})}$ であり, Tr_2 のコレクタ電圧は $V_{CE(\text{sat})}$ である. したがって, 同図の右側のコンデンサは $V_{CE(\text{sat})} - V_{BE(\text{off})}$ に充電されている. 一方, Tr_2 のベース電圧は $V_{BE(\text{sat})}$ であり, Tr_1 のコレクタ電圧は, 電源と Tr_2 のベース電圧の電位差を R_C と R_1 で分圧した電圧であるから,

$$V_{C1} = \frac{R_1}{R_C + R_1}(V_{CC} - V_{BE(\text{sat})}) + V_{BE(\text{sat})}$$

となる. ここで, V_{C1} は Tr_1 のコレクタ電圧である. したがって, 同図の左側のコンデンサは $V_{C1} - V_{BE(\text{sat})}$ に充電される. この左右のコンデンサの充電電圧は, 左側のほうがかなり大きい. つまり, オフトランジスタ側のコンデンサの端子間電圧が大きくなっている.

　つぎに, トリガを加えると Tr_1, Tr_2 ともに一瞬オフになるからコレクタ電圧は, いずれもほぼ V_{CC} になる. コンデンサは, 急激な変化に対しては電池と等価な作用をすると考えられるから, 端子間電圧が保たれることになる. このため, Tr_1 のベース電圧はほぼ V_{CC} に, Tr_2 のベース電圧は小さな正電圧にしかならないから, トリガがなくなると Tr_1 はオン, Tr_2 はオフとなり, 状態が確実に反転するのである. 図 11.22 に, トリガが加えられるごとに状態の反転が生じる様子を示す.

(2)　トリガ

　マルチバイブレータにおいて, トランジスタのオン・オフを強制的に反転させるために用いられる外部電圧を, **トリガ電圧** (trigger voltage) という. トリガ電圧波形に要求される条件は, 振幅を反転に必要な値以上にすること, およびパルス幅と立ち上がり時間を小さくすることである. したがって, トリガを発生する回路は, 基本的には微分回路から構成される. トリガは, 2 個のトランジスタに同時に加える対称型 (コンプリメンタリ) と, 片方のオン状態にあるトランジスタに加える非対称型 (セットリセット) がある. オン状態にあるトランジスタに加える理由は, オントランジスタの各端子電圧がオフトランジスタのそれよりも小さいから, トリガ振幅が小さくても反転が可能という利点をもつためである.

　図 11.23 は, コレクタ結合双安定マルチバイブレータに対して対称ベーストリガ回

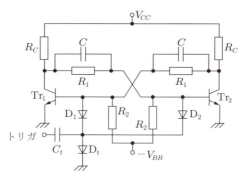

図 11.23 対称ベーストリガコレクタ結合双安定マルチバイブレータ

路を加えたものである．対称トリガは，双安定マルチバイブレータの安定状態をつぎつぎに反転させていく場合に用いられる．トリガ回路は，ダイオード D_1, D_2 および D_t とコンデンサ C_t から構成される．D_1, D_2 は正電圧トリガパルスをしゃ断してマルチバイブレータの誤動作を防ぎ，D_t は C_t の低抵抗放電路を形成し，C_t に蓄えられた電荷を放電させ，高速スイッチングを可能にする．

同図において，Tr_1 がオフで Tr_2 がオンであるとする．このとき，トリガ回路に負の方形波が入力すると，D_2 は順バイアスであるから Tr_2 のベース・エミッタ間と D_2 を通して C_t が急速に充電される．この充電電圧は，Tr_2 のベース・エミッタ間を逆バイアスする方向であり，Tr_2 の状態をオンから能動状態へと変える．このあと，前述したような正帰還作用により，Tr_1 はオン，Tr_2 はオフへと反転する．この動作は方形波の立ち下がり部分で生じる．方形波がなくなると，C_t の端子間電圧が D_t を順バイアスする方向であるから，C_t の電荷は D_t を通して急速に放電され，つぎのトリガ入力を待つ．もちろん，つぎのトリガ入力が加えられるのは，反転動作が完了してからであるから，トリガパルス間隔には制限があり，一般にトランジスタにおける α カットオフ周波数の 5〜10% が限度とされる．

以上，対称ベーストリガについて説明してきたが，このほかにもエミッタやコレクタにトリガを加える方法がある．これらの動作も，ベーストリガの場合と同様に考えることができる．

11.3.2 単安定マルチバイブレータ

単安定マルチバイブレータ（monostable multivibrator）は，一つの安定状態と一つの準安定状態をもつ回路で，双安定同様，方形波発生回路として用いられる．通常は安定状態にあり，トリガにより準安定状態に移行し，時定数（回路の抵抗とコンデンサによって決まる）に比例する時間が経過すると，元の安定状態に戻る動作を繰り

返す．トリガが入力されるごとに 1 個の方形波を発生することから，**ワンショットマルチバイブレータ**（one-shot multivibrator）といわれることもある．

図 11.24 (a) は，トリガ回路を含めたコレクタ結合単安定マルチバイブレータ回路である．同図において，Tr_1 がオフ，Tr_2 がオンのとき，安定状態にある．このとき，抵抗 R により Tr_2 へ飽和ベース電流が流れており，Tr_1 は負電源 $-V_{BB}$ により確実にしゃ断状態におかれる．安定状態において，コンデンサ C は同図 (b) のようにほぼ V_{CC} に充電されている．ここで，負のトリガが加えられると，Tr_2 のベース・エミッタ間は逆バイアスされて，オン状態を脱出しコレクタ電圧が上昇する．Tr_2 のコレクタ電圧変化は，抵抗 R_1 を通して Tr_1 のベースへ伝えられるから，これまで述べてきたような正帰還作用が生じて Tr_1 がオン，Tr_2 がオフとなる．この反転が急速に起こるため，コンデンサの端子間電圧はほとんど変化しない．反転終了後の Tr_1 のコレクタ電圧が $V_{CE(sat)}$ であることから，Tr_2 のベース電圧はほぼ $-V_{CC}$ となり，Tr_2 を深くオフ状態にする．このあと，Tr_2 のベース電圧は，C，R および Tr_1 のコレクタ・エミッタ間を通して V_{CC} に向かって時定数 CR で上昇していく．この電圧が Tr_2 のベース・エミッタ間を順バイアスする電圧に達すると，Tr_2 は能動状態となりベース電流が流れはじめ，正帰還作用により Tr_1 がオフで Tr_2 がオンの安定状態に戻る．そして，ふたたびトリガを加えないかぎりこの状態が続く．

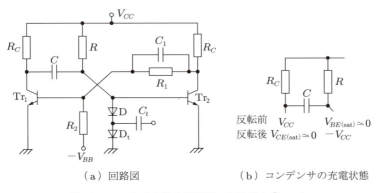

（a）回路図　　　（b）コンデンサの充電状態

図 11.24　コレクタ結合単安定マルチバイブレータ

この結果，出力パルス幅 T は，Tr_2 がオフである時間，すなわちコンデンサが $-V_{CC}$ から V_{CC} まで充電されていく途中で，Tr_2 のベース電圧がベース・エミッタ間を順バイアスする電圧に達するまでの時間となる．充電の方程式は，Tr_2 のベース電圧を $v_{B2}(t)$ とすると，

$$v_{B2}(t) = V_{CC} - 2V_{CC}\,e^{-t/CR} \tag{11.19}$$

となる．簡単のため順バイアスする電圧を0とすると，式 (11.19) で $v_{B2}(T) = 0$ から，
$$T = CR \ln 2 = 0.693 CR \tag{11.20}$$
となる．コレクタ電流を I_C，直流電流増幅率を h_{FE} とする．Tr_1 がオフ，Tr_2 がオンのとき R_C を流れる電流は，R_1，R_2 が R_C に比べて大きいとすれば I_C となるから，トランジスタの各接合電圧を考慮すると，Tr_2 に関して，
$$I_C = \frac{V_{CC} - V_{CE(\mathrm{sat})}}{R_C}, \quad I_B = \frac{KI_C}{h_{FE}} \tag{11.21}$$
となる．K は，オーバドライブの程度を表す係数である．このときベース電流の直流成分は，抵抗 R を通して電源から供給されるから，
$$I_B = \frac{V_{CC} - V_{BE(\mathrm{sat})}}{R} \tag{11.22}$$
となる．また，逆方向ベース電流を I_{CB0} とおくと，Tr_1 のベースに関して，
$$\frac{V_{CE(\mathrm{sat})} - V_{BE(\mathrm{off})}}{R_1} + I_{CB0} = \frac{V_{BE(\mathrm{off})} + V_{BB}}{R_2} \tag{11.23}$$
であり，Tr_1 がオンで Tr_2 がオフのとき，
$$\frac{V_{CC} - V_{BE(\mathrm{sat})}}{R_1} = \frac{V_{BE(\mathrm{sat})} + V_{BB}}{R_2} + I_B \tag{11.24}$$
となる．

図 11.25 は，コレクタ結合単安定マルチバイブレータの出力波形である．Tr_1 のコレクタ電圧（V_{C1}）の立ち上がり波形がなまっているのは，Tr_1 がオフになってからコンデンサ C の充電電流が R_C を流れて電圧降下を生じるためであり，時定数 CR_C で変化する．

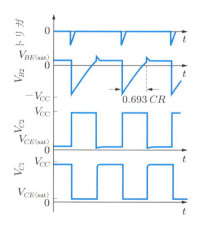

図 11.25　コレクタ結合単安定マルチバイブレータの波形

11.3.3 無安定マルチバイブレータ

無安定マルチバイブレータ（astable multivibrator）は安定状態をもたず，回路の抵抗とコンデンサで決まる時間で，自動的にオン・オフを繰り返す．この動作の様子から，自走マルチバイブレータといわれることもある．図 11.26 (a)に，無安定マルチバイブレータ回路を示す．回路は Tr_1 がオン，Tr_2 がオフの状態から，Tr_1 がオフ，Tr_2 がオンの状態に反転した直後であるとする．このとき，Tr_2 のベースおよびコレクタ電圧は，それぞれ $V_{BE(\text{sat})}$ および $V_{CE(\text{sat})}$ となる．したがって，Tr_2 のベースおよびコレクタ電流を，それぞれ I_B および I_C とすると，

$$I_B = \frac{V_{CC} - V_{BE(\text{sat})}}{R_1}, \quad I_C = \frac{V_{CC} - V_{CE(\text{sat})}}{R_{C2}} \tag{11.25}$$

となる．I_B と I_C は，オーバドライブを K 倍とすれば $I_B = KI_C/h_{FE}$ の関係にある．

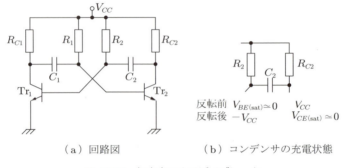

（a）回路図　　　（b）コンデンサの充電状態

図 11.26　無安定マルチバイブレータ

反転する直前のコンデンサ C_2 は，Tr_2 のコレクタ電圧が V_{CC} で Tr_1 のベース電圧が $V_{BE(\text{sat})}$ であるから，図 11.26 (b)のように充電されている．反転中のコンデンサの電圧は変わらず，反転終了後 Tr_2 のコレクタ電圧が $V_{CE(\text{sat})}$ となるため，Tr_1 のベース電圧がほぼ $-V_{CC}$ となり深く逆バイアスされる．これは，単安定マルチバイブレータの準安定状態と同じであり，C_2 の充電により Tr_1 のベース電圧がベース・エミッタ間を順バイアスする電圧に達すると状態の反転が起こる．

一方，コンデンサ C_1 は，反転直前のとき，Tr_1 のコレクタ電圧が $V_{CE(\text{sat})}$ で Tr_2 のベース電圧が Tr_2 のベース・エミッタ間を順バイアスする電圧に達したときであるから，端子間電圧はほぼ 0 であると考えられる．状態の反転により Tr_1 のコレクタ電圧が V_{CC} になると，Tr_2 のベース電圧も C_1 の端子間電圧が変わらないためほぼ V_{CC} に引き上げられる．このため，V_{CC} が大きいとトランジスタのベース・エミッタ間の耐圧を超えてしまうおそれがあるから，Tr_1，Tr_2 のエミッタと接地の間にダイオードを入れて電圧を分散するなどの方法をとる必要がある．

出力パルス幅は単安定マルチバイブレータと同様に考えられるから，Tr_1 の出力パルス幅を T_1，Tr_2 のパルス幅を T_2 とすると，

$$\left.\begin{array}{l} T_1 = 0.693 C_2 R_2 \\ T_2 = 0.693 C_1 R_1 \end{array}\right\} \tag{11.26}$$

となる．無安定マルチバイブレータの出力波形を，図 11.27 に示す．

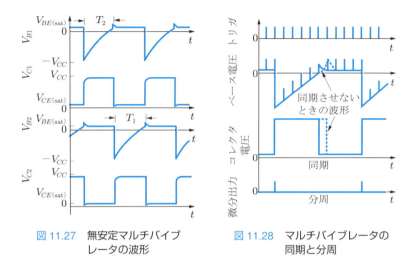

図 11.27 無安定マルチバイブレータの波形

図 11.28 マルチバイブレータの同期と分周

11.3.4 同期と分周

　単安定マルチバイブレータや無安定マルチバイブレータにおいて，パルス幅は式 (11.26) のように回路の時定数で決定されるが，コンデンサの端子電圧がトランジスタの反転電圧に近づいたとき，トリガを加えることにより反転の時期をある程度制御できる．図 11.26 の無安定マルチバイブレータのベースに，この回路の周期より短い周期をもつトリガを入力すると，図 11.28 のようにベース電圧が通常よりも早く反転レベルを超えて Tr_2 がオンとなる．この操作を，トリガの周期にマルチバイブレータのパルス幅を同期させるという．

　また，トリガに同期させた出力を微分回路に入力させると，その出力は図 11.28 に示すように，はじめのトリガの周期の整数倍になる．この操作を分周という．同図では，1/10 に分周された波形を示している．

　これらの操作は，パルス幅の安定化やトリガの分周などに応用される．

11.3.5 シュミットトリガ回路

シュミットトリガ回路(Schmitt trigger)は，1938年，**シュミット**(Schmitt, O. H.)が考案した回路で，入力電圧がある値以上のときに出力が得られる回路である．この回路は，入力電圧の大小を比較する比較回路あるいは出力波形が方形波であることから，形のくずれた方形波の整形回路などに応用される．図11.29に，シュミットトリガ回路を示す．

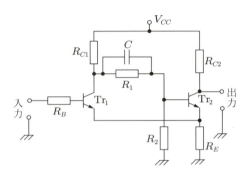

図11.29 シュミットトリガ回路　　図11.30 シュミットトリガ回路の入出力波形

同図において，入力がないとき Tr_1 はオフ，Tr_2 はオンである．このとき，抵抗 R_E に生じる電圧降下を V_{E2} とすると，出力電圧は $V_{E2} + V_{CE(sat)}$ である．入力が加えられ Tr_1 のベース電圧がだんだん増加すると，Tr_1 を能動状態にする電圧に達する．この電圧を**上位トリガ電圧**(upper trigger potential，**UTP**)といい，トランジスタのベース・エミッタ間の接合電圧を V_{BE} とすると，

$$\mathrm{UTP} = V_{E2} + V_{BE} \tag{11.27}$$

となる．入力電圧がUTPを超えると Tr_1 のベース電流が増し，コレクタ電流が増加してコレクタ電圧が減少する．この電圧は，抵抗 R_1 と R_2 により分圧されて Tr_2 のベースに入るから，ベース電圧が減りコレクタ電流も減少する．回路を2段増幅回路と考えれば，1段目の変化は2段目でさらに増幅され，大きな変化になると考えられる．したがって，Tr_1 のコレクタ電流の増加する割合よりも Tr_2 のコレクタ電流の減少する割合のほうが大きくなり，全体として R_E を流れる電流が減少し，その電圧降下が小さくなる．このため，Tr_1 のベース・エミッタ間電圧が大きくなり，ますますコレクタ電圧が減り，Tr_2 のベース電圧が減少することになる．つまり，この過程はマルチバイブレータと同様の正帰還作用であり，Tr_2 がオフになるまで続く．この結果，入力電圧がUTPに達すると Tr_2 はすばやくオフとなり，出力電圧が V_{CC} になる．いま，Tr_2 のコレクタ電流を I_{C2} とし，h_{FE} が大きくエミッタ電流とコレクタ電流がほ

ぼ等しいとして UTP を求める. I_{C2} は,

$$I_{C2} = \frac{V_{CC} - V_{CE(\text{sat})}}{R_E + R_{C2}} \tag{11.28}$$

である. また,

$$V_{E2} = R_E I_{C2} = \frac{R_E}{R_{C2} + R_E}(V_{CC} - V_{CE(\text{sat})}) \tag{11.29}$$

となるから, 式 (11.27) を用いて,

$$\text{UTP} = \frac{R_E}{R_{C2} + R_E}(V_{CC} - V_{CE(\text{sat})}) + V_{BE} \tag{11.30}$$

で与えられる. 入力電圧が UTP に達すると出力が V_{CC} となり, ある電圧値以下になるまでこの状態を続ける.

入力電圧が UTP を超え最大値を経て減少してくると, Tr_1 のベース電流が減りコレクタ電流も減少して, R_E の電圧降下が小さくなる. そこで, Tr_2 のベース電圧が R_E の電圧降下よりも V_{BE} だけ高ければ, Tr_2 はオフから能動状態へ移ることができる. このときの入力電圧値を, **下位トリガ電圧** (lower trigger potential, **LTP**) という. LTP に達したときの Tr_1 のコレクタ電圧を V_{C1}, コレクタ電流を I_{C1} とすると,

$$V_{CC} - V_{C1} = R_{C1} I_{C1} \tag{11.31}$$

となる. h_{FE} が大きいから Tr_1 のエミッタ電流とコレクタ電流が等しいとする. Tr_2 のベース電圧は V_{C1} を R_1 と R_2 で分圧した電圧であり, この電圧が R_E の電圧降下 $R_E I_{C1}$ より V_{BE} だけ高いのだから,

$$\frac{R_2}{R_1 + R_2} V_{C1} = R_E I_{C1} + V_{BE} \tag{11.32}$$

である. 式 (11.31) と式 (11.32) から,

$$I_{C1} = \frac{R_2 V_{CC} - (R_1 + R_2)V_{BE}}{R_2 R_{C1} + R_E(R_1 + R_2)} \tag{11.33}$$

となる. したがって, LTP は R_E の電圧降下 $R_E I_{C1}$ に Tr_1 のベース・エミッタ間の接合電圧 V_{BE} を加えた値であるから, 式 (11.33) を用いて,

$$\begin{aligned}
\text{LTP} &= R_E I_{C1} + V_{BE} \\
&= \frac{R_E\{R_2 V_{CC} - (R_1 + R_2)V_{BE}\}}{R_2 R_{C1} + R_E(R_1 + R_2)} + V_{BE}
\end{aligned} \tag{11.34}$$

で示される.

入力電圧が LTP になり Tr_2 が能動状態に入ると, コレクタ電流が流れはじめるが, この増加の割合は Tr_1 のコレクタ電流の減少の割合よりも大きいから, R_E の電圧降下

はLTPに達する直前の値より大きくなる．このため，Tr_1のベース・エミッタ間電圧が小さくなってベース電流がますます減り，その結果コレクタ電流が減少してコレクタ電圧が増加する．したがって，Tr_2のベース電圧が増してコレクタ電流が増加する．この動作もやはり正帰還作用であり，すばやくTr_1がオフでTr_2がオンの状態になる．

図11.30に，シュミットトリガ回路の入出力波形を示す．同図にあるように，一般的にはLTP < UTPである．このことは，トランジスタの増幅作用を考慮すれば明らかなことである．つまり，LTPは，入力電圧がTr_1により増幅されてTr_2のベース入力になるのに対して，UTPは，Tr_1がオフであり増幅作用がないからである．このLTPとUTPの差を，**ヒステリシス**（hysteresis）という．ヒステリシスは，抵抗R_Bにより小さくすることができる．UTPはTr_1がオフのときの入力電圧であるから，ベース電流は流れておらずR_Bによる電圧降下が生じない．このため，R_BによってUTPは変わらない．一方，LTPはTr_1が能動状態で入力する電圧であるから，流れているベース電流による電圧降下が生じる．式 (11.34) はTr_1のベース電圧であるから，入力電圧はR_Bの電圧降下分だけ高くなる．したがって，Tr_1のベース電圧ではなく入力電圧に対するLTPを考えると，R_Bの電圧降下分だけUTPに近づくことになり，ヒステリシスを減少させる効果があることがわかる．

 直線掃引回路

11.4.1 コンデンサの充電電圧波形

CR直列回路のステップ応答におけるコンデンサの電圧変化$v_C(t)$は，式 (11.6) で与えられる．ステップ電圧が入力してから微小時間経過後の電圧は，同式を級数展開し，$CR \gg t$のとき，

$$v_C(t) = \frac{Et}{CR}\left(1 - \frac{t}{2CR}\right) \tag{11.35}$$

となる．右辺の（ ）内第2項は直線電圧Et/CRと$v_C(t)$のずれの程度，すなわち誤差を表す．上式から，コンデンサの充電電圧を直線とみなし得る時間は，誤差を5%とすると時定数CRの1/10であり，そのときの振幅は$0.1E$となり，狭い範囲でしか直線とみなすことができず実用的でない．すぐれた直線性をもつ電圧は，掃引電圧やA-D・D-A変換などに不可欠であり，基本的にはCR回路の充電電圧波形を用いるが，上述のようにこのままでは使用できないため，いろいろな直線性の改善法がとられる．

その一つが，図11.31に示す回路を実現することである．同図の可変電源$e(t)$は，$v_C(t)$と逆極性で等しい電圧を発生するものとする．このとき電流$i(t)$は，

11.4 直線掃引回路

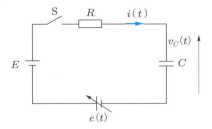

図 11.31 直線性を改善するための CR 回路

$$i(t) = \frac{E}{R} \tag{11.36}$$

であり一定値となるから，コンデンサの端子間電圧は，

$$v_C(t) = \frac{1}{C}\int_0^t i(t)\,dt = \frac{Et}{CR} \tag{11.37}$$

となる．したがって，コンデンサの端子間電圧と等しく逆極性をもつ電圧を発生する回路を含む CR 回路を構成すると，すぐれた直線電圧発生回路となる．このような回路を実現したのが，つぎに述べるブートストラップ回路とミラー積分回路である．

11.4.2 ブートストラップ回路

ブートストラップ回路 (bootstrap circuit) とは，自分自身の力で動作する回路という意味であり，この回路は出力を入力へ正帰還させて直線性を改善している．図 11.32 に基本的な回路を示す．同図において正帰還作用を用いるので，発振を防ぐために増幅器の増幅率は 1 以下でなければならない．

いま，スイッチ S を開くと，

$$\left.\begin{array}{l} e(t) - v_C(t) = Ri(t) - E \\ e(t) = Av_C(t) \\ i(t) = C\dfrac{dv_C(t)}{dt} \end{array}\right\} \tag{11.38}$$

が成立する．ここで，A は増幅率であり，増幅器の入力インピーダンスは無限大と考える．上式から出力電圧は，

$$e(t) = \frac{A}{1-A}E\left(1 - e^{-\frac{1-A}{CR}t}\right) \tag{11.39}$$

である．$CR/(1-A) \gg t$ のとき式 (11.39) を級数展開すると，

$$e(t) = \frac{A}{CR}Et\left(1 - \frac{1-A}{2CR}t\right) \tag{11.40}$$

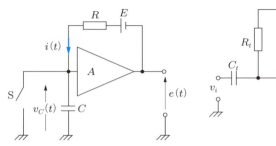
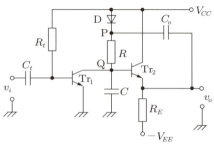

図 11.32 ブートストラップ回路の基本回路

図 11.33 ブートストラップ回路

となる．この結果を式 (11.35) と比較すると，A が 1 に近ければ式 (11.40) の（ ）内第 2 項で t の係数が小さくなるから，直線とみなし得る時間が長くなり，それに応じて振幅も大きくなる．とくに，$A=1$ の場合には理想的な直線電圧が得られる．

ところで，図 11.32 ではスイッチや電池を使用しており，回路の構成上困難をともなうから別の素子に置き換え，また入力インピーダンスが大きく増幅率が 1 に近い増幅器としてエミッタホロワを用いると，図 11.33 に示す実用的なブートストラップ回路が得られる．同図において，Tr_1 はスイッチ作用をし，コンデンサ C_o はダイオードの立ち上がり電圧を V_f とすると $V_{CC} - V_f$ に充電され，容量が大きいため直線電圧が出力されている間，その電荷はほとんど変化せず端子間電圧を一定に保つことができる．

入力がないとき，Tr_1 は R_t を通してベース電流が流れ，オン状態になっている．そこで，負の方形波が加えられ Tr_1 がオフになると，コンデンサ C は R を通して C_o から電荷を受け取り，点 Q の電位が上昇する．増幅率がほぼ 1 であるから，エミッタ電圧も同じように上昇する．点 Q の電圧を v_Q とすると，

$$v_o \simeq v_Q \tag{11.41}$$

であり，C_o の端子間電圧が変わらないから，点 P の電圧 v_P は，

$$v_P = V_{CC} - V_f + v_o \simeq V_{CC} - V_f + v_Q \tag{11.42}$$

となる．このため，R の端子電圧 $v_P - v_Q$ は $V_{CC} - V_f$ に保たれ，つねに一定電流

$$I = \frac{V_{CC} - V_f}{R} \tag{11.43}$$

が流れる．コンデンサに流れ込む電流が一定であるため，v_Q は直線的に上昇し，それに応じた v_o も直線的に上昇するのである．ダイオードは，式 (11.42) からわかるように点 P の電圧が V_{CC} より高くなるから，電源への逆流を防ぐために用いられる．つぎに，入力がなくなると Tr_1 がふたたびオンとなり，C の電荷は Tr_1 のコレクタ・エミッタ間の小さい飽和抵抗を通してすばやく放電され，出力も 0 になる．

ブートストラップ回路の入出力波形を図 11.34 に示す．同図のように，入力パルス幅が時定数より大きい場合には，入力が終了する以前に出力電圧が V_{CC} に達し，Tr_2 が飽和してしまうから，出力はこれ以上増加しない．なお，C の充電電流と Tr_2 のベース電流はコンデンサ C_0 から供給されているから，一定の充電電流を流すためにはベース電流をあまり大きくできない．しかし，ベース電流を小さくするとコレクタ電流が小さくなり，出力が取り出せなくなる．そのため，ベース電流は充電電流より小さく，コレクタ電流は充電電流より大きくなるように R_E を選ぶ必要がある．

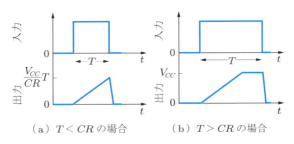

(a) $T < CR$ の場合　　(b) $T > CR$ の場合

図 11.34　ブートストラップ回路の入出力波形

11.4.3　ミラー積分回路

ミラー積分回路（Miller integrator）は，図 11.35 に示すようにコンデンサを通して出力を入力へ負帰還させることにより，見かけ上コンデンサの容量を大きくし直線性の改善を図るものである．同図において，増幅器の入力インピーダンスを無限大，そして増幅率を A とすれば，

$$\left.\begin{array}{l} e(t) = -A e_i(t) \\ E = R i(t) + e_i(t) \\ i(t) = C \dfrac{d\{e_i(t) - e(t)\}}{dt} \end{array}\right\} \tag{11.44}$$

となる．式 (11.44) の第 1 式と第 3 式から，

$$i(t) = (1+A)C \frac{de_i(t)}{dt} \tag{11.45}$$

であり，図 11.35 は図 11.36 のように描き換えられる．つまり，コンデンサの容量が $(1+A)$ 倍となった積分回路の小振幅の直線電圧を，増幅器により増幅して，大振幅の直線電圧を得ようとする回路となる．この容量が大きくみえる効果をミラー効果という．

式 (11.44) と式 (11.45) から，

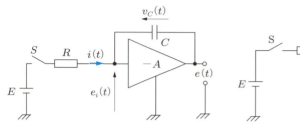
図 11.35　ミラー積分回路の基本回路

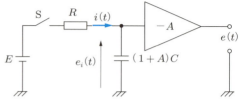
図 11.36　図 11.35 の等価回路

$$e_i(t) = E\left\{1 - e^{\frac{-t}{(1+A)CR}}\right\} \tag{11.46}$$

となる．$(1+A)CR \gg t$ のとき上式を級数展開し，$v_C(t) = (1+A)e_i(t)$ を用いると，

$$v_C(t) = \frac{E}{CR} t\left\{1 - \frac{t}{2(1+A)CR}\right\} \tag{11.47}$$

である．この結果を式 (11.35) と比較すると，増幅率が大きくなれば $\{\ \}$ 内第 2 項の t の係数が小さくなり，直線電圧とみなし得る時間が長くなり，それに応じて電圧の振幅も大きくなる．とくに，$A = \infty$ のときには理想的な直線電圧となる．

図 11.35 を実現した実用的ミラー積分回路を，図 11.37 に示す．同図において，Tr_1 と Tr_3 はエミッタホロワであり，入力インピーダンスを高く，出力インピーダンスを小さくするインピーダンス変換回路として動作する．増幅器として，Tr_2 のエミッタ接地 A 級増幅回路を用いる．いま，方形波入力が加えられると，CR 積分回路の動作により Tr_1 のベース電圧が時定数 CR でしだいに上昇していき，Tr_2 のベースに加えられる．この変化が Tr_2 により増幅されて，Tr_2 のコレクタ・エミッタ間電圧，すなわち Tr_3 のベース電圧が時定数により決定される速さで減少する．Tr_3 はエミッタホロワであるから，エミッタ電圧はベース電圧とほとんど同じ値であり，出力電圧も同様に減少する．入力がなくなると，Tr_1 のベース電圧が時定数にしたがって減少する

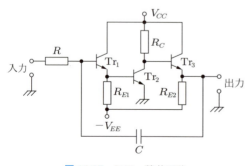
図 11.37　ミラー積分回路

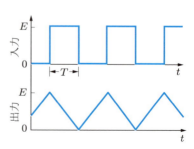
図 11.38　ミラー積分回路の入出力波形
　　　　　　（$T = CR$ のとき）

から，逆の動作により出力電圧は直線的に上昇していく．したがって，入力パルス幅を時定数に等しくすると，図 11.38 に示すような三角波が得られる．

例題 11.1 図 11.4（a）の CR 直列回路において，波高値 E，パルス幅 T，周期 $2T$ の方形波を入力し，十分な時間が経過した後のコンデンサ端子電圧における最大値と最小値を求めよ．

解答
コンデンサの端子電圧は，図 11.39 のように変化する．同図において，充電電圧 $e_c(t)$ と放電電圧 $e_d(t)$ は，それぞれ，

$$e_c(t) = E - (E - E_{2n})e^{-t/\tau} \quad (0 \leq t \leq T)$$
$$e_d(t) = E_{2n-1}e^{-t/\tau} \quad (0 \leq t \leq T)$$

となる．ここで，$\tau = CR$ である．したがって，$t = T$ とおくと，

$$e_c(T) = E_{2n+1} = E - (E - E_{2n})e^{-T/\tau}$$
$$e_d(T) = E_{2n} = E_{2n-1}e^{-T/\tau}$$

であり，これから一般項を求めると，

$$E_{2n+1} = E \frac{(1 - e^{-T/\tau})(1 - e^{-2nT/\tau})}{1 - e^{-2T/\tau}}$$
$$E_{2n} = E \frac{(1 - e^{-T/\tau})e^{-T/\tau}\{1 - e^{-2(n-1)T/\tau}\}}{1 - e^{-2T/\tau}}$$

となる．それゆえ，$n \to \infty$ とおくと，最大値 $E_{\max}$，最小値 $E_{\min}$ は，それぞれ，

$$E_{\max} = E \frac{1 - e^{-T/\tau}}{1 - e^{-2T/\tau}}$$
$$E_{\min} = E \frac{e^{-T/\tau}(1 - e^{-T/\tau})}{1 - e^{-2T/\tau}}$$

で与えられる．

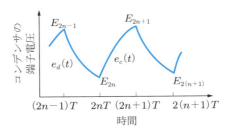

図 11.39 CR 回路の周期的方形波に対する応答波形

例題 11.2 インバータ回路（図 11.19 参照）において，$R_C = 1\,\mathrm{k\Omega}$, $R_1 = 15\,\mathrm{k\Omega}$, $R_2 = 300\,\mathrm{k\Omega}$, $V_{BB} = V_{CC} = 10\,\mathrm{V}$, $h_{FE} = 20$, および v_i が波高値 $10\,\mathrm{V}$ の方形波の場合，トランジスタがオンのとき飽和，オフのときしゃ断となることを示せ．ただし，トランジスタがオンのときの接合電圧は，$V_{BE} = 0.7\,\mathrm{V}$, $V_{CE} = 0.3\,\mathrm{V}$ とする．

解答

コレクタ電流 I_C とベース電流 I_B は，$v_i = 10\,\mathrm{V}$ のとき，

$$I_C = \frac{V_{CC} - V_{CE}}{R_C} = 9.7\,\mathrm{mA}$$

$$I_B = \frac{v_i - V_{BE}}{R_1} - \frac{V_{BE} - (-V_{BB})}{R_2} = 0.58\,\mathrm{mA}$$

である．したがって，

$$\frac{I_C}{I_B} = 16.7 < h_{FE}$$

となり，オン状態で飽和している．
また，$v_i = 0\,\mathrm{V}$ のとき，ベース電圧 V_B は，

$$V_B = \frac{\{v_i - (-V_{BB})\}R_2}{R_1 + R_2} - V_{BB} = -0.48\,\mathrm{V}$$

となるから，$V_B < 0$ である．それゆえ，オフ状態でトランジスタはしゃ断していることがわかる．

演習問題

11.1 図 11.4 の CR 直列回路において，問図 11.1 のような方形波が入力するとき，抵抗 R およびコンデンサ C の端子電圧の変化を描け．ただし，$C = 0.02\,\mathrm{\mu F}$, $R = 10\,\mathrm{k\Omega}$ とする．

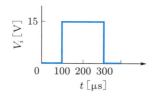

問図 11.1 方形波入力

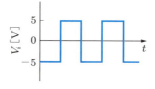

問図 11.2 対称方形波入力

11.2 図 11.13 のクリップ回路に，問図 11.2 に示す方形波が入力したときの出力波形を描け．ただし，バイアス電源電圧あるいはツェナー電圧を $3\,\mathrm{V}$ とする．

11.3 図 11.16 のクランプ回路において，演習問題 11.2 と同様の条件で出力波形を描け．

11.4 図 11.17 の回路において，$V_{CC} = 12\,\mathrm{V}$, $R_C = 1\,\mathrm{k\Omega}$, および入力波高値を $5\,\mathrm{V}$ とするとき，コレクタ電流を飽和させるために必要なベース電流と R_B を求めよ（与えられ

ていない数値は 11.2 節参照).

11.5 コレクタ結合双安定マルチバイブレータ(図11.21参照)を設計せよ(C を除く).ただし,$V_{CC} = 12\,\mathrm{V}$,$V_{BB} = 6\,\mathrm{V}$,$I_C = 30\,\mathrm{mA}$,$I_{CB0} = 0.5\,\mu\mathrm{A}$,および $h_{FE} = 50$ とし,ベース電流を 2 倍にオーバドライブするものとする.また,接合電圧は $V_{CE(\mathrm{sat})} = 0.3\,\mathrm{V}$,$V_{BE(\mathrm{sat})} = 0.7\,\mathrm{V}$ と $V_{BE(\mathrm{off})} = -0.6\,\mathrm{V}$ を用いよ.

11.6 コレクタ結合単安定マルチバイブレータ(図 11.24 参照)において,$R_C = 510\,\Omega$,$R = 24\,\mathrm{k\Omega}$,$C = 0.001\,\mu\mathrm{F}$,$R_1 = 20\,\mathrm{k\Omega}$,$R_2 = 100\,\mathrm{k\Omega}$,$C_1 = 100\,\mathrm{pF}$,$h_{FE} = 50$,$V_{CC} = 12\,\mathrm{V}$,および $V_{BB} = 6\,\mathrm{V}$ のとき,オントランジスタが飽和状態となり,オフトランジスタがしゃ断状態になることを示せ.また,この回路のパルス幅はいくらか.

11.7 無安定マルチバイブレータ(図 11.26 参照)において,周波数 $10\,\mathrm{kHz}$,波高値 $10\,\mathrm{V}$ の対称方形波を発生する回路を設計せよ.ただし,$I_C = 10\,\mathrm{mA}$,$h_{FE} = 50$ とし,接合電圧を無視する.また,ベース電流のオーバドライブを 2 倍とする.

11.8 シュミットトリガ回路(図 11.29 参照)を設計せよ(C を除く).ただし,$V_{CC} = 15\,\mathrm{V}$,$\mathrm{UTP} = 5\,\mathrm{V}$,$\mathrm{LTP} = 3\,\mathrm{V}$,$h_{FE} = 100$,$\mathrm{Tr}_2$ の飽和コレクタ電流 $I_{C2} = 6\,\mathrm{mA}$,および Tr_2 がオンのとき R_2 を流れる電流 $I_{R2} = 0.1 I_{C2}$ とする.また,接合電圧を $V_{CE(\mathrm{sat})} = 0.3\,\mathrm{V}$,$V_{BE(\mathrm{sat})} = 0.7\,\mathrm{V}$,$V_{BE(\mathrm{off})} = -0.6\,\mathrm{V}$ とし,ベース・エミッタ間の順バイアス電圧 $V_{BE} = V_{BE(\mathrm{sat})}$ とする.

11.9 ブートストラップ回路(図11.33参照)において,$V_{CC} = 6\,\mathrm{V}$,$V_f = 0.7\,\mathrm{V}$,$C = 2\,000\,\mathrm{pF}$,および $R = 18\,\mathrm{k\Omega}$ とする.いま,パルス幅 $20\,\mu\mathrm{s}$ の方形波が入力するとき,出力波形を描け.

第12章 ディジタル回路

12.1 ディジタル回路

　連続的に変化するアナログ量に対して，離散的な変化をする量をディジタル量という．パルス回路の出力も，電圧の有無に注目するとディジタル量といえる．たとえば，フリップフロップでは，電流が流れているトランジスタ（オン状態）のコレクタ電圧はほぼ 0 V であるのに対して，電流が流れていないトランジスタ（オフ状態）のコレクタ電圧はほぼ電源電圧になっていた．このとき，電源電圧に近い出力を状態 1，0 V に近い出力を状態 0 と定め，1 と 0 という二つの状態がどのように変化していくかを扱う回路ができ，**ディジタル回路**（degital circuit）といわれる．

　ディジタル回路では，電圧の大きさにある一定の値を設定し，電圧がその値を超えているかどうかで状態を判断する．電圧があれば状態 1，なければ 0 と表し，これらを論理レベルとよぶ．論理レベル 1 あるいは 0 と判断される電圧の幅はかなり広く設定されており，実際の回路では，入力信号の電圧が各レベルから多少ずれていても，かなりの程度まで各レベルとして動作するようにつくられている．したがって，見かけ上はその回路が，ある一定の電圧を境にしてレベルを表現しているようにみえる．この電圧をしきい値という．ディジタル IC としてよく用いられている TTL（電源電圧 5 V）では，0～0.4 V で論理レベル 0，2.4～5 V で論理レベル 1，しきい値は 1.4 V 程度である．しかし，しきい値に近い電圧ではやはり動作が不安定になるので，そのような状況は避けるべきである．

　ディジタル回路では，論理レベル 1 の電圧が高いことから**ハイレベル**（high level，記号 H），論理レベル 0 の電圧が低いことから**ローレベル**（low level，記号 L）ということもあるが，本章では 0 と 1 を用いて表す．

12.2 基本ゲート

　ディジタル回路において論理という言葉が用いられるのは，0 と 1 の論理レベルの入出力関係が，数学の論理演算の規則にしたがっているからである．この規則の詳細は数学に譲り，ここではディジタル回路の理解に必要な最小限の規則を示すにとどめる．

論理式の基本的な演算には以下に示すものがある.

①**論理積**（AND）　$X = A \cdot B$

②**論理和**（OR）　　$X = A + B$

③**否定**（NOT）　　$X = \overline{A}$

また，よく使う公式として，つぎの定理などをあげておく.

④**ド・モルガンの定理**（De Morgan's law）

$$\overline{A + B} = \overline{A} \cdot \overline{B}, \quad \overline{A \cdot B} = \overline{A} + \overline{B} \tag{12.1}$$

⑤**再帰定理**　　　　$A = \overline{\overline{A}}$

⑥**吸収定理**　　　　$A + A \cdot B = A, \quad A + \overline{A} \cdot B = A + B \tag{12.2}$

ディジタル回路には，この論理演算を実現した基本的な回路があり，**ゲート**（gate）ともよばれ，AND，OR，NOT と NAND および NOR 回路などがある．これらの回路は，入力が 0，1 あるいはそれらが組み合わされて入力してくる場合，論理演算にしたがった状態を出力する．AND ゲートは，最小 2 入力回路で，すべての入力が同時に 1 の場合のみ出力が 1 になり，それ以外は 0 となる．OR ゲートも最小 2 入力回路で，この場合はすべての入力が同時に 0 の場合に出力が 0 になり，それ以外では 1 を出力する．また，NOT ゲートは 1 入力回路で，入力と反対の状態を出力する.

NAND および NOR は，それぞれ AND と OR の出力の NOT を出力する回路である．そのほかによく用いられる**ゲート回路**（gate circuit）として，**Ex-OR**（Exclusive OR，**排他的論理和**）ゲートがあり，排他的論理和を実現する回路として用いられる．以上のゲートの真理値表を表 12.1 に示す.

表 12.1　各種基本ゲートの真理値表

(a) AND			(b) OR			(c) NOT	
入力		出力	入力		出力	入力	出力
A	B	X	A	B	X	A	X
1	1	1	1	1	1	1	0
1	0	0	1	0	1	0	1
0	1	0	0	1	1		
0	0	0	0	0	0		

(d) NAND			(e) NOR			(f) Ex-OR		
入力		出力	入力		出力	入力		出力
A	B	X	A	B	X	A	B	X
1	1	0	1	1	0	1	1	0
1	0	1	1	0	0	1	0	1
0	1	1	0	1	0	0	1	1
0	0	1	0	0	1	0	0	0

表に示された真理値表は，レベル0を基準にし，出力の高い電圧をレベル1として表されており，正論理といわれる．これとは逆に，高い電圧を基準にしてレベル0とし，低い電圧のレベルを1とすることもでき，負論理といわれている．煩雑さを避けるため，本章では主に正論理を用いる．

図12.1に，回路図において用いられる正論理をもとにした記号を示す．

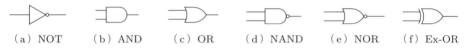

(a) NOT　(b) AND　(c) OR　(d) NAND　(e) NOR　(f) Ex-OR

図12.1　基本ゲートの回路記号

図では2入力のみを示したが，入力数は別に2とは限らず，4入力あるいは8入力回路などもつくられており，状況に応じていろいろな使用法が考えられる．

実際の基本ゲートの多くは，バイポーラ型のトランジスタを用いたTTL型ICとFETを用いたMOS型ICで，1個のICの中に数回路がつくり込まれている．これらのIC中のトランジスタは，第11章と同様にスイッチング素子として用いられており，オン状態とオフ状態の二つの状態をつくり，論理演算を行うようになっている．たとえば，よく用いられる重要なゲートであるNANDゲートのTTL型の回路を示すと，図12.2のようになる．

Tr_1はマルチエミッタ構造が用いられ，図12.2は2入力に対応している．Tr_1は両方向に電流を流すことができるようになっていて，AとBの両方がレベル1のとき，Tr_1のベースおよびエミッタ電流がコレクタから流れ出し，Tr_2のベース電流となって，Tr_2がオンとなる．結果として，Tr_4のベースにも電流が流れてオンとなるから，Tr_4のベース・エミッタ間電圧とTr_2のエミッタ・コレクタ間電圧はそれぞれ小さな値となり，その和もたかだか1V程度となるため，Tr_3とTr_4の間のダイオードDの

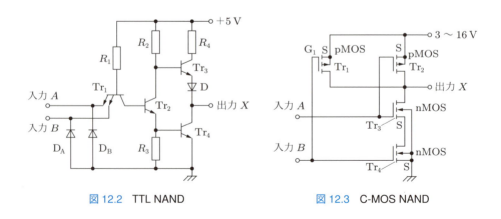

図12.2　TTL NAND　　　　　図12.3　C-MOS NAND

立ち上がり電圧の影響もあって，Tr_3 はオフ状態となる．したがって，$A=B=1$ で出力 $X=0$ となる．

一方，A，B の両方あるいはいずれか一つでもレベルが 0 になると，その入力端子を通してエミッタから電流が流出し，Tr_2 のベースに十分な電流が供給されなくなり，Tr_2 がオフになってしまう．そのため，Tr_4 にもベース電流が流れず Tr_4 もオフになる．Tr_3 は，電源から R_2 を通してベース電流が供給されるから，この場合はオンとなる．したがって，出力の電圧が高い状態になり，レベル 1 が得られる．この入出力関係は，まさに NAND の関係を満たしている．なお，入力のダイオード D_A，D_B は，間違って負電圧が入力したような場合，ダイオードを通して電流を流し，回路を保護する役目を果たしている．このように，トランジスタを用いて論理演算を実現しており，TTL とよばれている．

また，MOS-FET を用いたゲート回路もあり，TTL の電源電圧が 5 V ±5% と限定されているのに対して，3〜16 V と自由に設定できること，さらに，高周波特性の改善などにより TTL と比較して特性上も見劣りしないこと，構造上集積化に向いていることから，現在広く用いられている．MOS-FET には，基板に p 型半導体を用いたものと n 型半導体を用いたものがあり，それぞれ n チャネル MOS，p チャネル MOS とよばれる．この 2 種の FET を 1 組にして各ゲート回路がつくられていることから，相補的つまり Complementary MOS（C-MOS）とよばれる．例として，図 12.3 に C-MOS の NAND ゲートを示す．

nMOS は，ゲート G_1 に高い電圧が加えられソース S より高くなるとオン状態になり，pMOS は，G_1 の電圧が S より小さいときオンとなる．したがって，両入力とも 1 のとき，Tr_3 と Tr_4 がオンとなり，出力は低電圧で 0 となる．入力が 0 のとき，その端子に直結している nMOS がオフとなり，pMOS がオンとなる．nMOS は直列に接続されているから，一つがオフでも全体がオフとなってしまう．それに対して，pMOS は並列に接続されているため，どちらかがオンであれば全体としてオンになる．したがって，A と B の両方あるいはいずれかが 0 になると出力は 1 になり，NAND 動作となる．

12.3　カルノー図

いろいろなゲートを組み合わせて，所定の出力を得ようとする場合や，組み上げた回路の分析をする場合に，ブール代数が用いられることもあるが，簡単に取り扱うことのできる**カルノー図**（Karnaugh map）を用いたほうが便利である．カルノー図は，矩形に領域をつくり各領域にそれぞれの状態を設定して，論理演算を簡単化していく

のに有効な手段である．表 12.2 のような 2 入力および 3 入力のカルノー図を描く場合，各入力の状態が枠外に示された状態のときの論理演算の結果をそれぞれの領域に記入する．図中の枠外に A，B などが記入されている行あるいは列が状態 1 に対応しているが，通常は枠外に 0，1 は記入しないで入力の変数が状態 1 をとる行や列のみを記す．

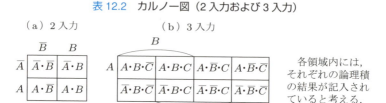

表 12.2　カルノー図（2 入力および 3 入力）

表 12.2 に基づいて，いくつかの基本ゲートのカルノー図を表 12.3 に示す．NAND は $X = \overline{A \cdot B}$，AND は $X = A \cdot B$，NOR は $X = \overline{A + B}$ であるから，それぞれ論理演算の結果が，各領域に記入されているのが読みとれる．

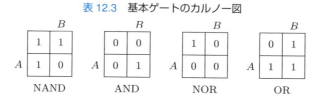

表 12.3　基本ゲートのカルノー図

逆にカルノー図が与えられた場合，どんな論理演算にしたがっているのかを求めるには，図中の 1 の領域について論理和をとればよい．たとえば，NAND の場合，1 をもつ領域に対応する論理積の論理和をとって計算すると，以下のように確かに NAND になっていることがわかる．

$$X = \overline{A} \cdot \overline{B} + \overline{A} \cdot B + A \cdot \overline{B} = \overline{A} + A \cdot \overline{B} = \overline{A} + \overline{B} = \overline{A \cdot B} \tag{12.3}$$

カルノー図のもっと便利な使い方は，1 が隣り合う領域に並んでいるときに示される．同じ NAND ゲートのカルノー図をみると，1 が縦と横それぞれに 1 組ずつ並んでいる．そこで図 12.4 のように，点線で囲んだ隣り合う領域をあわせると，それぞれが $\overline{A}$ と $\overline{B}$ のようにみなせる．したがって，$X = \overline{A} + \overline{B} = \overline{A \cdot B}$ が簡単に得られる．なお，最後の式はド・モルガンの定理を用いた．このように隣接性などを用いていくと，論理式を容易に簡単にできるのが利点である．カルノー図は入力数がいくつであってもつくることが可能であるが，5 入力を超えるとかなり複雑になって，隣接性の判断などが困難になる．なお，隣接性を判断する場合に注意しなければならないことは，領

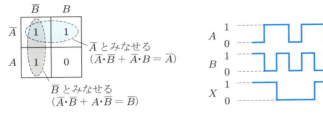

図 12.4　隣接性を用いた簡単化　　図 12.5　Ex-OR のタイミングチャート

域が隣り合って並んでいる場合ばかりではなく，表の両端（上下左右とも）どうしにも成立する場合があり，見落とさないようにしなければならないことである．

ゲート回路の入出力関係は，真理値表やカルノー図などで表現されるのはこれまでみてきたとおりである．しかし，実際の回路は時間とともにその状態が変化していくものである．この様子を表すものが，**タイミングチャート**（digital timing diagram）とよばれるグラフである．たとえば，Ex-OR ゲートのタイミングチャートを描くと図 12.5 のようになる．

図では時間は左から右に進む．つまり，右に行くほど遅い時間での動作であることになる．縦方向は電圧を表し，正論理において，高いほうがレベル 1 で電源電圧，低いほうがレベル 0 で 0 V であることが多いが，一般に電圧値は記入しない．タイミングチャートのある瞬間の状態は，真理値表のいずれかの状態に一致していることから，タイミングチャートは真理値表で表された状態を動的に表現したグラフであると解釈でき，ディジタル回路の実際の動作を知るうえで便利な手段である．

12.4　マルチバイブレータ

11.3 節でもマルチバイブレータについて述べたが，ここではディジタル回路の面から基本ゲートを用いたパルス発生回路として，無安定および単安定マルチバイブレータを説明する．図 12.6 に，TTL の NOT ゲートを用いた**無安定マルチバイブレータ**（astable multivibrator）を示す．CR の充放電によって，NOT ゲートの入力電圧が

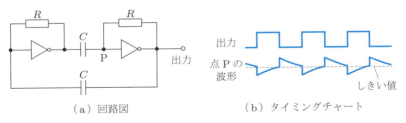

（a）回路図　　　　　　（b）タイミングチャート

図 12.6　TTL の NOT ゲートを用いた無安定マルチバイブレータ

変化し，しきい値を上下にまたぐたびに反転が起こるために，図のような出力が得られる．

連続的にパルス波を発生させる場合とは異なり，一つの入力パルスに対して一つのパルス波を発生させたい場合がある．そのときに用いられるのが，**単安定マルチバイブレータ**（monostable multivibrator）である．この回路も基本ゲートを用いて構成することができ，図 12.7 に示す．

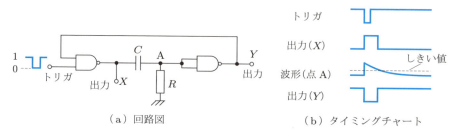

図 12.7　TTL の NAND ゲートを用いた単安定マルチバイブレータ

通常，トリガは 1 で出力 Y も 1 であるから，出力 X は 0 である．そこで，トリガが 0 になると，出力 X が 1 になりコンデンサが時定数 CR で充電されはじめる．充電のはじめは大きな充電電流が流れるから，抵抗 R の両端には大きな電圧降下が生じ，点 A は 1 と考えられる．したがって，出力 Y は 0 となりパルスの立ち下がりが生じる．充電が進むと次第に電流が小さくなって抵抗の電圧降下も小さくなり，やがて点 A の電位がしきい値を下回るようになる．そのとき，後段の NAND が反転して，出力 Y が 1 になる．そのときまでにはトリガも元の 1 に戻っているから，初段の NAND の出力は 0 になる．これで，トリガ入力前の状態に戻ったことになって，1 個のトリガに 1 個の出力という単安定マルチバイブレータ動作が完了する．なお，後段の NAND は，2 本の入力端子を 1 本にして用いているが，このようにすると動作は NOT ゲートと同じになるから，後段は NOT ゲートでもかまわない．

12.5　フリップフロップ

パルス回路でも述べたように**フリップフロップ**（flip-flop，FF）は，二つの安定状態をもち，外部トリガを入力するまで状態を保持することができる．FF にはいくつかの種類があり，いずれも基本ゲートを用いて構成することができる．

12.5.1　RS-FF

RS-FF は，**リセット・セット FF**（reset-set FF）の略称で，セット入力 S とリセッ

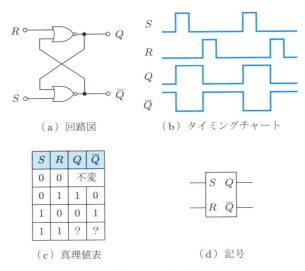

図 12.8 RS-FF

ト入力 R の二つの入力と，二つの出力（Q と $\overline{Q}$）をもつ（図 12.8 参照）．

通常，R, S はいずれも 0 で，そのときの出力を $Q=0$, $\overline{Q}=1$ とする．そこで，S だけ 1 にすると，$\overline{Q}=0$ になりその結果 $Q=1$ となる．その後 $S=0$ になっても出力の状態は変わらず保持される．つぎに，R だけ 1 にすると，$Q=0$, $\overline{Q}=1$ となって，やはりこの状態が保持される．したがって，直前に R と S のいずれの入力が 1 になったのか，Q と $\overline{Q}$ の状態から知ることができる．つまり，直前の入力を記憶しているともいえる．なお，この回路では R と S を同時に 1 にすることは禁止であり，もしそのような入力が与えられても出力は不定になる．

12.5.2 T-FF

T-FF は，**トグル FF**（togle FF）の略称で，トリガ入力が加えられるたびに出力の状態を変える．図 12.9 に示すように，トリガ T が加えられると，T の立ち下がりごとに出力が反転している．したがって，トリガパルス 2 個で元の状態に復帰することから，2 進数の計算や入力パルス数を半分にする分周回路に用いることができる．

最初 $Q=0$, $\overline{Q}=1$ であるとする．このとき，同じ 1 という状態であるが点 A の電位は点 B の電位に比べてやや低くなっている．ここで，トリガが入力されると，コンデンサと抵抗による微分効果によって正負のスパイク状電圧が発生する．正のスパイクは，もともと状態が 1 であるから何の影響も与えないが，負のスパイクが加えられると，はじめの電圧が低い分，点 A のほうが早くしきい値を下回る．したがって，$Q=1$ となるが，そのときまだ点 B は 1 であるから $\overline{Q}=0$ とならざるを得ない．つぎ

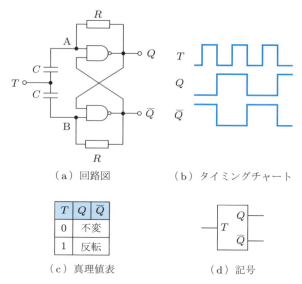

図 12.9　T-FF

にトリガが加えられるときには，点 B のほうがやや低い状態になっているから，上とは逆の現象が起こり元に戻る．

図に示されているように，状態変化はトリガの立ち下がりにおいて生じているが，このような動作を**ダウンエッジ**（down edge）動作という．

12.5.3　D-FF

D-FF は，**ディレイド** FF（delayed FF）の略称で，クロックパルス（C_p）が入力したときの D の状態を Q に出力する．D-FF は，クロックパルスに同期していない入力を，クロックパルスに同期させる役目と同時に，結果として入力を遅延させる効果もあることから，この名でよばれている．

図 12.10 に，TTL の NAND ゲートを用いた D-FF を示す．この回路は，各 NAND の入出力の変化を順に追っていけば簡単にわかるように，クロックパルスが入力してきたときの D の状態が Q に反映され，つぎのクロックパルスが入力するまで保持される．当然，$\overline{Q}$ は Q の逆である．

なお，同図（b）にあるように，その変化はクロックパルスの立ち上がりで起きており，このような動作を**アップエッジ**（up edge）動作という．また，真理値表の表記は，ある時刻（T_n）にクロックパルスが入力したときの D 端子の状態を示し，つぎのクロックパルス（T_{n+1}）が入る直前まで，Q あるいは $\overline{Q}$ がどのようになっているかを表している．

12.5 フリップフロップ

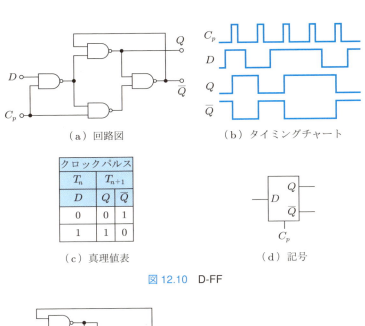

図 12.10　D-FF

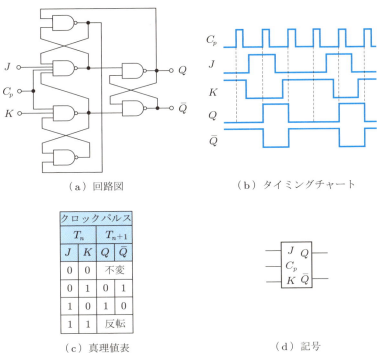

図 12.11　JK-FF

12.5.4 JK-FF

JK-FF は，T-FF と RS-FF を一つにしたような機能をもっていることから，FF の中でも広く用いられている回路である．図 12.11 に回路を示す．JK-FF は RS-FF で禁止されていた，同時に入力が 1 になることが許され，そのときには出力が反転する．

JK-FF は，J と K を一つにまとめて入力すると，出力は T-FF に一致する．また，$J = K = 1$ の場合を除けば RS-FF と一致する．さらに，K に NOT を接続し，J と NOT の入力を一つにまとめると，D-FF になる．このように JK-FF は多様な用い方ができ，応用範囲が広く便利な FF である．

12.6 カウンタ回路

FF が 0 と 1 を記憶することは前節で述べた．その機能を数を数えることに用いたものが**カウンタ回路**（counter circuit）である．数を数えるといっても FF の状態は 0 と 1 しかないので，基本的には 2 進数での扱いとなる．たとえば，図 12.12 のように 3 個の T-FF を縦続接続し，はじめに各 FF の出力 Q を 0 にセットしてから，クロックパルスが入力したときの出力 Q を調べると，それぞれのクロックパルスが入力する直前の状態は，$Q_3 \sim Q_1$ の順で 3 桁の 2 進数と考えた場合，0～7 までの数値を表している．

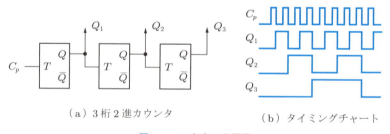

　（a）3 桁 2 進カウンタ　　　　（b）タイミングチャート

図 12.12　カウンタ回路

したがって，この回路は 0～7 までの数（クロックパルス数）を数えることができ，3 桁 2 進カウンタといわれる．また，順に数が増えていくことから，**アップカウンタ**（up counter）ともよばれる．各 FF 間の接続を $\overline{Q}$ と T の接続（出力は Q のまま）に変えると，7～0 と順に減っていく**ダウンカウンタ**（down counter）をつくることができる．

FF に入力があって対応する出力が出るまでには，わずかであるが時間遅れがある．図 12.12 のように，単に縦続接続した非同期式の回路の場合，各段での時間の遅れが積算される．そのため，クロックパルスの繰り返し時間が短くなったときや離れた FF

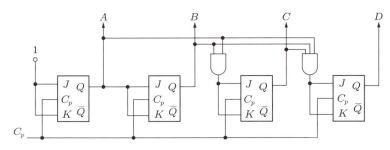

図 12.13　同期式 2 進化 16 進カウンタ

の出力どうしの論理演算をするような場合，この時間遅れが誤動作をまねくおそれがある．そこで，各段の FF に同時にクロックパルスを入力して，時間遅れの影響をなくした同期式カウンタが必要になる．この同期式カウンタの例として，JK-FF を用いた 2 進化 16 進カウンタを，図 12.13 に示す．

出力は，下位の桁から順に $A \sim D$ の順に並んでいて，0～15 まで表すことができる（例題 12.1 参照）．

カウンタ回路の基本は 2 進数である．しかし，人間にとってはやはり 10 進数が望ましい．とくに，人間とのインターフェース，つまり表示部などでは必要になる．このとき用いられるのが，**BCD**（binary coded decimal）コードである．BCD コードは 10 進数の 1 桁を 4 桁の 2 進数で表現する方法で，2 進化 10 進法といわれる．4 桁の 2 進数は 15 まで表現できるので，多少むだになるが，0～9 までの 2 進数表現と BCD コードが完全に一致していることや，4 桁ずつ区切って 10 進の各桁が表されるためわかりやすいなどの利点があり，よく用いられる．この BCD コードを出力する回路を，図 12.14 に示す．

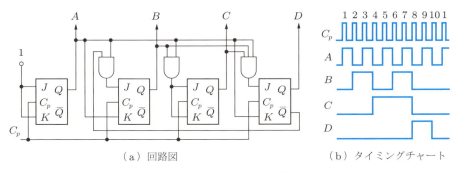

（a）回路図　　　　　　　　　　（b）タイミングチャート

図 12.14　同期式 BCD 出力 10 進カウンタ

12.7 演算回路

ここまでは，電圧の有無に対して 1 と 0 を形式的に当てはめ，論理演算を行う回路を示してきた．ここでは，1 と 0 を実際の数値として扱い，加減算を行う回路を考える．2 進数の加算は，図 12.15（a）のように，和 S をみれば Ex-OR と同じであるが，$1+1$ の場合，桁上がりが発生する点が異なる．したがって，桁上がりも考慮した加算回路は，同図（b）のカルノー図を参照して同図（c）のようになる．

この回路は，下位の桁からの桁上がりを考慮していないので**半加算器**（half adder）といわれる．これに対して，下位の桁からの桁上がりも考慮した加算器を**全加算器**（full adder）といい，図 12.16 のようにつくられる．

一方，2 進数の減算の計算法には，直接減算法と補数加算法がある．直接減算法を用いる場合，上位の桁から借りがあることを考えると，真理値表は図 12.17（a）のよ

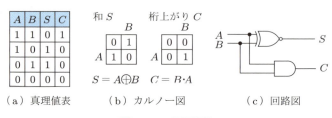

図 12.15　半加算器

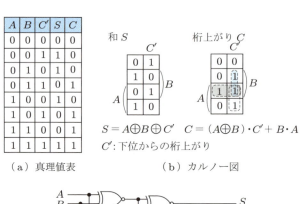

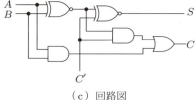

図 12.16　全加算器

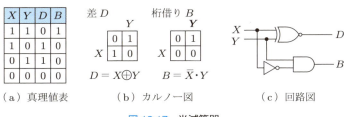

図 12.17 半減算器

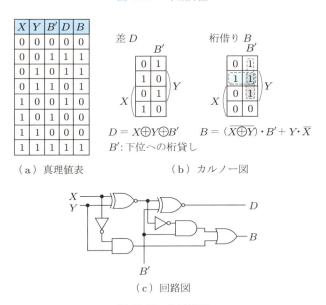

図 12.18 全減算器

うに与えられる．

　この回路も，下位桁への貸しを考えていないので**半減算器**（half subtractor）といわれる．下位桁への貸しも考慮した**全減算器**（full subtractor）は図 12.18 のようになる．

　補数加算法は，$X - Y$ の減算をする場合，Y の補数を加えることによって減算を実行する方法であり，こちらのほうが 2 進減算では一般的である．2 進減算を行う場合，補数としては 1 の補数と 2 の補数がある．Y の 2 の補数とは 2 進数で表した Y を 2^{n+1} から引くと得られ（n は Y の桁数），1 の補数は 2^n から引くと得られる．たとえば，10 進数 91 は，2 進数表現では 1011011 である．1 の補数は，実用上は 0 と 1 を入れ替えて 0100100，2 の補数は，1 の補数に 1 を加えて 00100101 となる．ただし，2 の補数をとると桁が一つ増える．減算は補数を加えて実行されるが，1 の補数を加えた場合には，結果に 1 を加えて解となる．2 の補数を加えた場合には，そのまま解になっている．$X < Y$ の場合，つまり解が負になるときは，さらに結果の 2 の補数をとり，それに負号をつけて解とする．

196　第12章　ディジタル回路

このように，補数を用いると減算も加算になるから，図 12.16 の全加算器を用いることができる．ただし，同図において減数の入力端子には NOT を接続し，また，最下位桁の端子 C' を 1 に設定する．端子 C が 1 であれば解は正，0 であれば 2 の補数をとって負号をつけて解とする．

例題　12.1 表 12.4 の機能表をもとに，図 12.13 の回路を構成せよ．

表 12.4　JK-FF の機能

Q_n	Q_n+1	J	K
0	1	1	*
1	1	*	0
1	0	*	1
0	0	0	*

クロックパルスが入力したとき，$J=1$ であれば K は 0 でも 1 でも，0 であった出力は 1 に変わる．$J=0$ であれば，0 は 0 のまま変わらない．
　同様に，$K=1$ であれば J の値にかかわらず，1 であれば 0 に変わるし，$K=0$ であれば，1 は 1 のまま変わらない．
（＊は 0 でも 1 でもよい．）

解答

JK-FF の真理値表より，ある時刻での Q 出力の状態がつぎのクロックパルスが入力したとき，J と K の値によってどのように変わるかを表したものが，表 12.4 の機能表である．そこで，図 12.13 の D の出力の変化の状況をみると，表 12.5 の D_n と D_{n+1} に関して 7 行目で 0 から 1 へ変わっているから $J=1$，$K=*$，15 行目で 1 から 0 へ変わっているので $J=*$，$K=1$ となる．その他では 0 と 1 が保持されているので，0 が保持されていれば $J=0$，$K=*$，1 が保持されていれば $J=*$，$K=0$ となる．したがって，これらをもとに，入力 J と K についてカルノー図をつくると，表 12.6 のようになる（左上の小

表 12.5　16 進カウンタの出力の変化

行	T_n での状態				T_{n+1} での状態			
	D_n	C_n	B_n	A_n	D_{n+1}	C_{n+1}	B_{n+1}	A_{n+1}
0	0	0	0	0	0	0	0	1
1	0	0	0	1	0	0	1	0
2	0	0	1	0	0	0	1	1
3	0	0	1	1	0	1	0	0
4	0	1	0	0	0	1	0	1
5	0	1	0	1	0	1	1	0
6	0	1	1	0	0	1	1	1
7	0	1	1	1	1	0	0	0
8	1	0	0	0	1	0	0	1
9	1	0	0	1	1	0	1	0
10	1	0	1	0	1	0	1	1
11	1	0	1	1	1	1	0	0
12	1	1	0	0	1	1	0	1
13	1	1	0	1	1	1	1	0
14	1	1	1	0	1	1	1	1
15	1	1	1	1	0	0	0	0

表 12.6 出力 D のカルノー図

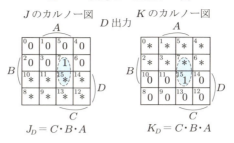

さな数字は表 12.5 の行番号).

その結果から，D の入力は，$J_D = K_D = C \cdot B \cdot A$ とすればよいことがわかる．同様に，C，B，A の出力についてもカルノー図をつくると表 12.7 のようになる．それぞれの表の下に，入力に必要な項を示しているが，FF 間の接続を，この表に与えられている論理式に基づいて行えば，図 12.13 が得られる．

表 12.7 各出力のカルノー図

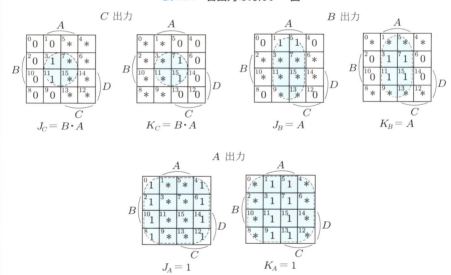

例題 12.2 $91-11$ と $11-91$ を，補数を用いて求めよ．

解答

まず，両数の桁をあわせ，2 の補数を求める．図 12.19 に示すように，解が負になるときは，最上位桁が 0 になるから，その桁を除いた残りの 2 の補数をとると，解の絶対値が得られ，$(1010000)_2 = (80)_{10}$ となる．したがって，その数に負号をつければ，真の解 -80 となる．解が正の場合は，最上位桁が 1 だから，続く 7 桁がそのまま解となる．

198 第12章 ディジタル回路

$$(91)_{10} = (1011011)_2 \qquad (11)_{10} = (0001011)_2$$
$$2\text{ の補数} = (00100101)_2 \qquad 2\text{ の補数} = (01110101)_2$$
$$91 - 11 = 80 \qquad\qquad 11 - 91 = -80$$

$$
\begin{array}{c}
(1011011)_2 \\
+ (01110101)_2 \\
\hline
(11010000)_2
\end{array}
\qquad\qquad
\begin{array}{c}
(0001011)_2 \\
+ (00100101)_2 \\
\hline
(00110000)_2
\end{array}
$$

2 の補数 $(1010000)_2$

解が正であることを示す　解が負であることを示す　解（負号をつける）

図 12.19　補数加算法の例題

演習問題

12.1 つぎの関係式を証明せよ．

（1）$A + A \cdot B = A$　　（2）$A + \overline{A} \cdot B = A + B$

（3）$(A + B) \cdot \overline{A \cdot B} = A \cdot \overline{B} + \overline{A} \cdot B$

12.2 Ex-OR ゲートのカルノー図を求めよ．

12.3 例題 12.1 の手順にしたがって，図 12.14 の回路を構成せよ．

12.4 全加算器において，和 S と桁上がり C が図 12.16（b）の論理式で与えられることを示せ．

12.5 全減算器において，差 D と桁借り B が図 12.18（b）の論理式で与えられることを示せ．

12.6 NAND ゲートのみを用いて Ex-OR を構成せよ．

演習問題解答

第 1 章

1.1 図 1.27 (b) で $Z_0 = 500\,\Omega$, $V_0 = 10\,\text{V}$

1.2 式 (1.8) から $I_C = 2.97\,\text{mA}$, 式 (1.7) より $I_E = 3\,\text{mA}$, $V_{CE} = V_{CC} - I_C R_C = 4.06\,\text{V}$

1.3 $i_1 = i_g = 0$, $v_{gs} = v_1 - v_2$, $v_{ds} = -v_2$, $i_2 = -i_d$, $\mu = g_m r_d$ を式 (1.19) に代入, $i_2 = -g_m v_1 + \{(1+\mu)/r_d\} v_2$ となり, 図 1.33 (b) を参照して電流源による等価回路の解図 1.1 が得られる.

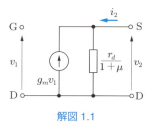

解図 1.1

1.4 式 (1.22) の第 2 式を書き換えると, $v_2 = -(h_{21}/h_{22})i_1 + (1/h_{22})i_2$ となり, 等価回路が得られる.

1.5 問図 1.1 の出力端短絡の解図 1.2 と入力端開放の解図 1.3 で, 電圧と電流を求める (T 形は, たとえば文献 [24] 参照). 解図 1.2 では $V_{ce} = 0$ であるから,

$$V_{be} = I_b r_b + \frac{r_e r_c (1-\alpha)(1+\beta) I_b}{r_e + (1-\alpha) r_c} \tag{1}$$

したがって, $(1-\alpha)r_c \gg r_e$ の場合,

$$h_{ie} = \left(\frac{V_{be}}{I_b}\right)_{V_{ce}=0} \fallingdotseq r_b + \frac{r_e}{1-\alpha}\;[\Omega] \tag{2}$$

つぎに, 解図 1.3 は $I_b = 0$ であるから,

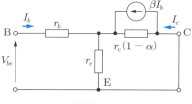

解図 1.2

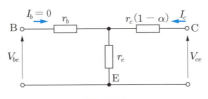

解図 1.3

$$I_c\{(1-\alpha)r_c + r_e\} = V_{ce} \tag{3}$$

$$\therefore \quad h_{oe} = (I_c/V_{ce})_{I_b=0} = \{(1-\alpha)r_c + r_e\}^{-1} \fallingdotseq \{(1-\alpha)r_c\}^{-1} \text{ [S]} \tag{4}$$

1.6 式 (1.26) から $f_T{}^2 = f_\beta{}^2(\beta_0{}^2 - 1) \fallingdotseq f_\beta{}^2 \beta_0{}^2$

$\therefore \quad f_T \fallingdotseq f_\beta \beta_0$　さらに式 (1.27) と式 (1.28) を用い $\alpha_0 = 1$ とすればよい.

1.7 R_l を流れる電流を I_l とすれば, R_l の雑音電力 N は,

$$N = I_l{}^2 R_l = \left(\frac{\sqrt{\overline{v^2}}}{R+R_l}\right)^2 R_l = \left(\frac{R_l}{R} + \frac{R}{R_l} + 2\right)^{-1} \frac{\overline{v^2}}{R}$$

したがって, $R_l = R$ のとき, N は最大値 N_A となる.

1.8 式 (1.34) より $\overline{i^2} = 9.6 \times 10^{-18}\,\text{A}^2$　$\therefore \quad \sqrt{\overline{i^2}} = 3.1\,\text{nA}$

第 2 章

2.1 図 2.2 で, $(V_{BE} + I_E R_E)/R_2 + I_B = (V_{CC} - V_{BE} - I_E R_E)/R_1$ が成立するから, $I_E = I_C + I_B = I_C(1+\beta)/\beta \fallingdotseq I_C = \beta I_B$ を用いて I_C を求める.

2.2 $V_g + I_d(R_s + r_d + R_l) - \mu V_{gs} = 0$, $V_{gs} = -(V_g + I_d R_s)$ から $Z_i = \{V_g/(-I_d)\} - R_s$ を求める.

2.3 図 2.5（b）で $I_d(r_d + R_l) = \mu V_{gs}$, $V_{gs} = V_g - I_d R_l$, $V_d = I_d R_l$, これらから $A_v = V_d/V_g$ を計算する.

2.4 式 (2.31) と式 (2.38) から, $A_i = 47$, $A_p = 6\,091$

2.5 問図 2.1（b）で,

$$V_b = (r_b + r_e)I_b + r_e I_c \tag{1}$$

$$r_m I_b = r_e I_b + (r_e + r_c - r_m + R_l)I_c \tag{2}$$

式 (2) から I_c を求めて式 (1) に代入, $(1-\alpha)r_c \gg r_e$ を用いると,

$$R_i = \frac{V_b}{I_b} \fallingdotseq r_b + \frac{r_e(r_c + R_l)}{(1-\alpha)r_c + R_l} \tag{3}$$

さらに, $(1-\alpha)r_c \gg R_l$ であるから, 式 (3) は次式となる.

$$R_i \fallingdotseq r_b + \frac{r_e}{1-\alpha} \tag{4}$$

2.6 式 (2.55) から, $17 - 13 = 4\,\text{dB}$

演習問題解答　　*201*

第 3 章

3.1 式 (3.2) と式 (3.1) より $A_{vm} = -129$, 式 (3.6) より $f_h \fallingdotseq 246\,\mathrm{kHz}$, 式 (3.14) と式 (3.19) より $f_l \fallingdotseq 15\,\mathrm{Hz}$

3.2 図 3.1（b）の等価回路において，ドレイン電圧を V_D とし，各素子に流れる電流を下向きにとり，キルヒホッフの電流則を適用して節点方程式をつくると，下記の連立方程式が得られる．

$$g_m V_1 + \frac{V_D}{r_d} + \frac{V_D}{R_l} + j\omega C_o V_D + j\omega C_c (V_D - V_2) = 0$$

$$\left\{ \frac{1}{r_d} + \frac{1}{R_l} + j\omega(C_o + C_c) \right\} V_D - j\omega C_c V_2 = -g_m V_1 \qquad (1)$$

$$j\omega C_c (V_D - V_2) = \frac{V_2}{R_g} + j\omega C_i V_2$$

$$-j\omega C_c V_D + \left\{ \frac{1}{R_g} + j\omega(C_c + C_i) \right\} V_2 = 0 \qquad (2)$$

式 (1) と式 (2) より V_D を消去し，$A_v = V_2/V_1$ を求めると，

$$A_v = \frac{-j\omega C_c g_m}{\{1/r_d + 1/R_l + j\omega(C_c + C_o)\}\{1/R_g + j\omega(C_i + C_c)\} + \omega^2 C_c{}^2}$$

3.3 結合コンデンサのリアクタンス $1/\omega C_c \fallingdotseq 8\,\mathrm{k\Omega}$, 並列容量のリアクタンス $1/\omega(C_i + C_o) \fallingdotseq 4\,\mathrm{M\Omega}$ となる．$R_g = 1\,\mathrm{M\Omega}$ に対して $8\,\mathrm{k\Omega}$ は十分小さいので，結合コンデンサによる電圧降下は無視でき，短絡とみなせる．また，$R_t = 32.3\,\mathrm{k\Omega}$ に対して $4\,\mathrm{M\Omega}$ は十分大きいので，並列容量に流れる電流は無視でき，これは開放と考えられる．

3.4 式 (3.29) より $f_h \fallingdotseq 643\,\mathrm{kHz}$

3.5 3.2.3 項参照

第 4 章

4.1 式 (4.16) から Q_0 を求め，式 (4.9) に代入すると，$L \fallingdotseq 0.1\,\mu\mathrm{H}$, $C \fallingdotseq 40\,\mathrm{pF}$ となる．

4.2 式 (4.23) より n 段の総合利得を A_{vn} とすれば，

$$|A_{vn}| = \left| \frac{A_{v0}}{1 + j2\delta Q_e} \right|^n = \frac{|A_{v0}|^n}{(1 + 4\delta^2 Q_e{}^2)^{n/2}}$$

$$\frac{|A_{vn}|}{|A_{v0}|^n} = \frac{1}{\sqrt{2}}, \quad \frac{1}{(1 + 4\delta^2 Q_e{}^2)^{n/2}} = \frac{1}{\sqrt{2}}$$

$$1 + 4\delta^2 Q_e{}^2 = 2^{1/n}, \quad \delta = \frac{\sqrt{2^{1/n} - 1}}{2Q_e}$$

n 段の帯域幅 B_n は，

$$B_n = 2\delta f_0 = \sqrt{2^{1/n} - 1}\, \frac{f_0}{Q_e}$$

4.3 式 (4.44) より，$B \fallingdotseq 6.43\,\text{kHz}$，臨界結合であるから $a = 1$ で，式 (4.31) より $k = 0.01$

4.4 式 (4.43) より，$4\delta^4 Q^4 = 1$，$\delta = 1/\sqrt{2}\,Q$，$B = 2\delta f_0 = 2f_0/\sqrt{2}\,Q = \sqrt{2}\,f_0/Q$

第 5 章

5.1 式 (5.4) より $A_{vf} = 3.2\angle 180°$

5.2 式 (5.8) より 1.8%

5.3 解図 5.1．三角形の余弦定理より，

$$|1 - A_v\beta_f| = \sqrt{1 + |A_v\beta_f|^2 - 2|A_v\beta_f|\cos\angle A_v\beta_f}$$

で与えられる．ベクトル図から $|A_v\beta_f \angle 135°| \fallingdotseq 2.83$ を代入すると，$|1 - A_v\beta_f| \fallingdotseq 3.6$，利得 $A_{vf} = 16/3.6\sqrt{2} \fallingdotseq 3.14$．これは中域の利得とほぼ等しい．

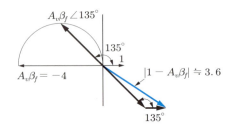

解図 5.1

5.4 ソースホロワで出力電圧が全部帰還されるので，$\beta_f = -1$ である．それゆえ，$A_{vf} = A_v/(1 + A_v)$ となり，A_v が十分大きければ $A_{vf} \fallingdotseq 1$ となる．しかし，ソースホロワで帰還がない利得 A_v は考えがたいが，式 (2.36) の分母子を r_d で除し，$\mu \gg 1$ として，A_{vf} の式と対応して考えると，A_v に相当するものは，$\mu R_l/r_d = g_m R_l$ と考えられる．

第 6 章

6.1 6.4 節参照

6.2 発振周波数の変化 Δf は，$\Delta f = (\partial f/\partial C)\Delta C$ で与えられる．$f = 1/2\pi\sqrt{LC}$ を代入すると，$\Delta f = (-f/2C)\Delta C$ となり，$\Delta f/f = -\Delta C/2C$ となる．$\Delta C/C = 0.01$ であるから，$\Delta f/f = 0.5\%$ となる．

6.3 式 (6.17) より $f \fallingdotseq 7.8\,\text{MHz}$

6.4 式 (6.31) より $f \fallingdotseq 249\,\text{Hz}$

6.5 解図 6.1

6.6 サーミスタは負の温度係数をもつので，何かの原因で出力が増加し，R_3 に流れる電流が増すと，R_3 の抵抗値が減少し，負帰還量が増加して振幅の増大を抑制し出力を一定に保つ．

6.7 6.5.1 項参照

6.8 6.5.4 項参照

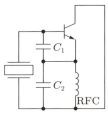

解図 6.1

第 7 章

7.1 （1）ボイスコイルのインピーダンスは，増幅器の出力インピーダンスに比べて一般に低いので，インピーダンス整合が必要である．
（2）ボイスコイルに直流電流が流れるので，スピーカの永久磁石との間に電磁力がはたらき，ボイスコイルの中心位置がずれる．

7.2 図 7.5 において，i_{D1}，i_{D2} は一般にフーリエ級数に展開して次式で表される．
$$i_{D1} = I_D + I_1 \cos\omega t + I_2 \cos 2\omega t + I_3 \cos 3\omega t + \cdots$$
$$i_{D2} = I_D + I_1 \cos(\omega t + \pi) + I_2 \cos 2(\omega t + \pi) + I_3 \cos 3(\omega t + \pi) + \cdots$$
$$= I_D - I_1 \cos\omega t + I_2 \cos 2\omega t - I_3 \cos 3\omega t + \cdots$$

この i_{D1} と i_{D2} とが，ドレイン回路に接続されている出力変成器の 1 次巻線の中性点から互いに逆方向に流れるので，2 次側に現れる電流は $i_{D1} - i_{D2}$ に比例することになり，偶数次高調波は除去される．

7.3 7.5 節参照
7.4 7.3.2 項参照
7.5 式 (7.17) で $V_{c1m} = V_{CC}$ として計算すると，$\eta \fallingdotseq 89\%$．

第 8 章

8.1

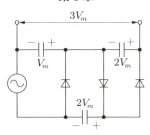

解図 8.1

8.2 図 8.10 から三角波の実効値を V_e とすると，
$$V_e = \sqrt{\frac{2}{\pi}\int_0^{\pi/2}\left(\frac{V_a}{\pi}\omega t\right)^2 d(\omega t)} = \frac{V_a}{2\sqrt{3}}$$

$$V_a = \frac{I_{DC}}{C} T = \frac{I_{DC}}{fC} = \frac{V_{DC}}{fCR_l}$$

$$\gamma = \frac{1}{2\sqrt{3}\, fCR_l}$$

8.3　式 (8.19) より，また $R_l = V_{DC}/I_{DC}$ であるから，C は，

$$C = 1/(2\sqrt{3} \times 50 \times 12 \times 0.05) \fallingdotseq 9\,620\,\mu\text{F}$$

8.4　問図 8.1 の回路は，エミッタホロワであり，その出力インピーダンスは，

$$Z_o \fallingdotseq \frac{R_s + h_{ie}}{1 + h_{fe}}$$

であり，R_s は R_B と $1/\omega C$ の合成インピーダンスである．一般に $R_B \gg 1/\omega C$ であるから，

$$Z_o \fallingdotseq \frac{1/\omega C + h_{ie}}{1 + h_{fe}}$$

また，$h_{fe} \gg 1$ として，

$$Z_o \fallingdotseq \frac{1}{\omega h_{fe} C} + \frac{h_{ie}}{h_{fe}}$$

となり，コンデンサ C の実効的な容量が h_{fe} 倍となって，リップル率が減少する．

第 9 章

9.1　$v = V_c(1 + m_a \sin \omega_s t) \sin \omega_c t$
$\qquad = V_c\{\sin \omega_c t + (m_a/2) \cos(\omega_c - \omega_s)t - (m_a/2) \cos(\omega_c + \omega_s)t\}$
　　　ただし，$m_a = k_a V_s / V_c$

9.2　式 (9.3) より 60%

9.3　変調波の電力は，搬送波の電力の $\{1 + (m_a{}^2/2)\}$ 倍となるから 1.32 倍

9.4　9.2 節参照

9.5　$m_f = \Delta f / f_s$ より $m_f = 5$

9.6　（1）積分回路　（2）位相変調回路　（3）周波数逓倍回路

9.7　AM 受信機の同調をわずかにずらして受信する．この場合，受信機の同調曲線の傾斜部分に中心周波数がくるので，周波数の変化が振幅の変化となり，復調できる．

第 10 章

10.1　10.8 節参照

10.2　10.2 節参照

10.3　図 10.1 において，

$$V_{b1} = V_{b2}, \quad I_e = I_{e1} + I_{e2}$$

$$I_e = 2I_{e1}, \quad V_{b1} = h_{ie}I_{b1} + 2R_eI_{e1}$$

$$I_{e1} = (1 + h_{fe})I_{b1}, \quad V_{b1} = h_{ie}I_{b1} + 2R_e(1 + h_{fe})I_{b1}$$

$$I_{b1} = \frac{V_{b1}}{h_{ie} + 2R_e(1 + h_{fe})}$$

$$V_{o1} = -R_lI_{c1} = -R_lh_{fe}I_{b1}$$

$$V_{o1} = \frac{-V_{b1}h_{fe}R_l}{h_{ie} + 2R_e(1 + h_{fe})}$$

$$A_{v1} = \frac{V_{o1}}{V_{b1}} = \frac{-h_{fe}R_l}{h_{ie} + 2R_e(1 + h_{fe})}$$

10.4 この回路は小型 pnp と大型 npn トランジスタを組み合わせた回路であり，大型 pnp トランジスタとして動作する．式 (10.16) を導いたのと同様の計算をすると，$\beta = 1 + \beta_1 + \beta_1\beta_2 \fallingdotseq \beta_1\beta_2$ となる．大型の pnp トランジスタが得られない場合，コンプリメンタリプッシュプル回路に用いられる．

10.5 10.6 節参照

10.6 10.2.3 項参照

10.7 10.9 節参照

10.8 式 (10.23) において，v_o に $R_4v_o/(R_3 + R_4)$ を代入し，$R_1 = R_f$，$A_v = \infty$ として，$|A_f| = (R_3 + R_4)/R_3 = 10 = 20\,\mathrm{dB}$

第 11 章

11.1 式 (11.6) と式 (11.7) に，C と R の値および $E = 15\,\mathrm{V}$ を用いると，$100\,[\mu\mathrm{s}] \le t\,[\mu\mathrm{s}] < 300\,[\mu\mathrm{s}]$ では，つぎのようになる．

$$v_C(t) = 15\{1 - e^{-(t-100)/200}\}$$

$$v_R(t) = 15e^{-(t-100)/200}$$

$300\,[\mu\mathrm{s}] \le t\,[\mu\mathrm{s}]$ では，$-15\,\mathrm{V}$ の負のステップ入力があると考えれば，上記結果との重ね合わせにより，つぎの式を得る．

$$v_C(t) = 15\{1 - e^{-(t-100)/200}\} - 15\{1 - e^{-(t-300)/200}\}$$

$$= 15e^{-t/200}(e^{1.5} - e^{0.5}) = 42.5e^{-t/200}$$

$$v_R(t) = 15e^{-(t-100)/200} - 15e^{-(t-300)/200} = -42.5e^{-t/200}$$

波形は解図 11.1 となる．

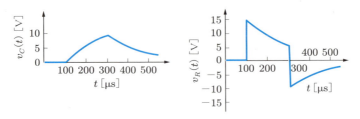

解図 11.1 ステップ応答

11.2

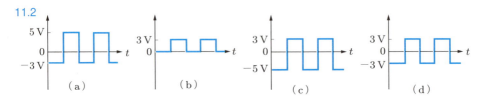

解図 11.2 クリップ回路の出力波形

11.3

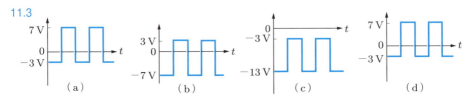

解図 11.3 クランプ回路の出力波形

11.4 飽和コレクタ電流を I_C とすれば，$I_C = \{V_{CC} - V_{CE(\text{sat})}\}/R_C = (12-0.3)/10^3 = 11.7\,\text{mA}$．したがって，$I_B = I_C/h_{FE} = 0.234\,\text{mA}$．

入力が 5 V のとき，$R_B = \{V_i - V_{BE(\text{sat})}\}/I_B = (5-0.7)/0.234\times 10^{-3} = 18.4\,\text{k}\Omega$

11.5 式 (11.16) から $R_{C1} = R_{C2} = R_C$ として，

$$R_C = \frac{V_{CC} - V_{CE(\text{sat})}}{I_C} = \frac{12-0.3}{30\times 10^{-3}} = 390\,\Omega$$

$$I_B = \frac{KI_C}{h_{FE}} = \frac{2\times 30\times 10^{-3}}{50} = 1.2\,\text{mA}$$

式 (11.17) と式 (11.18) にそれぞれ数値を入れて，

$$\frac{12-0.7}{390+R_1} = 1.2\times 10^{-3} + \frac{0.7+6}{R_2}$$

$$\frac{0.3+0.6}{R_1} + 0.5\times 10^{-6} = \frac{-0.6+6}{R_2}$$

両式から $R_1 = 8.1\,\text{k}\Omega$，$R_2 = 48.3\,\text{k}\Omega$．ただし，$R_1$ あるいは R_2 として二つの解が出てくるが，大きい値を正しいとした．

11.6 Tr_2 のコレクタ電流を I_{C2}，ベース電流を I_{B2} とすれば，$I_{C2} = V_{CC}/R_C = 12/510 =$

23.5 mA, $I_{B2} = V_{CC}/R = 12/24 \times 10^3 = 0.5$ mA. したがって, $I_{C2}/I_{B2} = 23.5/0.5 = 47 < h_{FE}$ となり, Tr_2 はオンのとき飽和する. この場合, Tr_1 のベース電圧 V_{B2} は $V_{B2} = R_2\{V_{CE(\text{sat})} + V_{BB}\}/(R_1 + R_2) - V_{BB}$ であるから, $V_{B2} = -0.75$ V. よって, Tr_1 はしゃ断状態にある.

つぎに, Tr_1 がオンで Tr_2 がオフのとき, Tr_1 のベース電流を I_{B1}, コレクタ電流を I_{C1} とすると, $I_{B1} = V_{CC}/(R_C + R_1) - V_{BB}/R_2 = 12/(510 + 20 \times 10^3) - 6/(100 \times 10^3) = 0.53$ mA, および $I_{C1} = V_{CC}/R_C = 12/510 = 23.5$ mA である. よって, $I_{C1}/I_{B1} = 44.3 < h_{FE}$ となるから, Tr_1 はオンのとき飽和状態になる.

周期 T は, 式 (11.20) から, $T = 0.693CR = 0.693 \times 0.001 \times 10^{-6} \times 24 \times 10^3 = 16.6$ μs.

11.7 波高値が 10 V であるから, 接合電圧を無視すると, $V_{CC} = 10$ V を用いればよい. 対称方形波であるから, $R_{C1} = R_{C2} = R_C$, $C_1 = C_2 = C$, $R_1 = R_2 = R$ とする. 式 (11.25) から $R_C = V_{CC}/I_C = 10/(10 \times 10^{-3}) = 1$ kΩ, $I_B = KI_C/h_{FE} = 2 \times 10 \times 10^{-3}/50 = 0.4$ mA. よって, $R = V_{CC}/I_B = 10/(0.4 \times 10^{-3}) = 25$ kΩ.

式 (11.26) から, 周波数を f [Hz] とすれば, $T = 1/2f 0.693CR$. したがって $C = 1/(0.693 \times 2fR) = 1/(0.693 \times 2 \times 10^4 \times 25 \times 10^3) \fallingdotseq 2\,900$ pF.

11.8 h_{FE} が大きいから, Tr_2 のコレクタ電流 I_{C2} とエミッタ電流 I_{E2} はほぼ等しい. 式 (11.28) から $R_{C2} + R_E = (15 - 0.3)/6 \times 10^{-3} = 2.45$ kΩ. ベース・エミッタ間順バイアス電圧 $V_{BE} = 0.7$ V とすれば, 式 (11.30) を用いて $R_E = 2.45 \times 10^3 (5 - 0.7)/(15 - 0.3) = 717$ Ω. したがって, $R_{C2} = 2.45 - 0.72 = 1.7$ kΩ. さらに, Tr_1 と Tr_2 の飽和コレクタ電流を等しくなるようにすれば, $R_{C1} = R_{C2} = 1.7$ kΩ.

また, Tr_1 がオンのとき R_2 を流れる電流 I_{R2} は $I_{R2} = 0.1 I_{C2} = 0.6$ mA. それゆえ $R_2 = (0.72 \times 6 + 0.7)/0.6 \times 10^{-3} = 8.4$ kΩ. さらに, 式 (11.34) は $3 = [0.72\{8.4 \times 10^3 \times 15 - (R_1 + 8.4 \times 10^3) \times 0.7\}10^3/\{8.4 \times 10^3 \times 1.7 \times 10^3 + 0.72(R_1 + 8.4 \times 10^3)\}] + 0.7$ であるから, $R_1 = 18.4$ kΩ. すなわち $R_{C1} = R_{C2} = 1.7$ kΩ, $R_1 = 18.4$ kΩ, $R_2 = 8.4$ kΩ, および $R_E = 717$ Ω.

11.9 時定数は $CR = 2\,000 \times 10^{-12} \times 18 \times 10^3 = 36$ μs. 出力電圧は, 最大値 V_0 が $V_0 = Et/CR = (6 - 0.7) \times 20/36 = 2.94$ V の直線電圧である. 波形は解図 11.4.

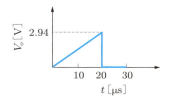

解図 11.4　ブートストラップ回路の出力

第12章

12.1 （1）$A + A \cdot B = A \cdot 1 + A \cdot B = A \cdot (1 + B) = A$
　　　　（$\because\ X \cdot 1 = X,\ X + 1 = 1$）

（2）$A + \overline{A} \cdot B = A \cdot (B + \overline{B}) + \overline{A} \cdot B = A \cdot B + A \cdot \overline{B} + \overline{A} \cdot B$
$= A \cdot B + A \cdot B + \overline{A} \cdot B + A \cdot \overline{B} = A \cdot (B + \overline{B}) + B \cdot (A + \overline{A})$
$= A + B$　　（$\because\ X + \overline{X} = 1,\ X + X = X$）

（3）$(A + B) \cdot \overline{A \cdot B} = (A + B) \cdot (\overline{A} + \overline{B}) = A \cdot \overline{A} + A \cdot \overline{B} + B \cdot \overline{A} + B \cdot \overline{B}$
$= A \cdot \overline{B} + \overline{A} \cdot B$　　（$\because\ X \cdot \overline{X} = 0$）

12.2

解表 12.1

	B=0	B=1
A=0	0	1
A=1	1	0

12.3 表 12.4 より，各 FF の入力に関するカルノー図を求めると解表 12.2 のようになる．FF 間をこの表の論理式を満たすように接続すると，図 12.14 が得られる．

解表 12.2

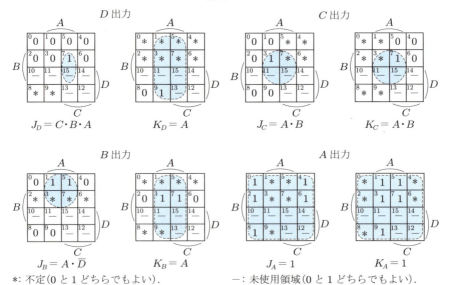

*：不定（0 と 1 どちらでもよい）．　　－：未使用領域（0 と 1 どちらでもよい）．

12.4 カルノー図より

$$S = A \cdot \overline{B} \cdot \overline{C'} + A \cdot B \cdot C' + \overline{A} \cdot B \cdot \overline{C'} + \overline{A} \cdot \overline{B} \cdot C'$$
$$= A \cdot (\overline{B} \cdot \overline{C'} + B \cdot C') + \overline{A} \cdot (B \cdot \overline{C'} + \overline{B} \cdot C')$$
$$= A \cdot (\overline{B \oplus C'}) + \overline{A} \cdot (B \oplus C') = A \oplus B \oplus C'$$

$$C = A \cdot B + A \cdot C' + B \cdot C' = (A+B) \cdot C' + A \cdot B$$
$$= (A \oplus B) \cdot C' + A \cdot B$$

C において $A = B = 1$ のとき，$A+B$ と $A \oplus B$ は異なるが，どちらでも $C = 1$ になるから，置き換えた．

12.5 カルノー図より，D は演習問題 12.4 の S と同じ（A, B を X, Y にする）．

$$B = \overline{X} \cdot B' + \overline{X} \cdot Y + Y \cdot B' = (\overline{X} + Y) \cdot B' + Y \cdot \overline{X}$$
$$= (\overline{X \oplus Y}) \cdot B' + Y \cdot \overline{X}$$

B において $X = 0$, $Y = 1$ のとき，$\overline{X} + Y$ と $\overline{X \oplus Y}$ は異なるが，どちらでも $B = 1$ になるから，置き換えた．

12.6 排他的論理和は以下のように展開できる（解図 12.1）．

$$A \cdot \overline{B} + \overline{A} \cdot B = A \cdot \overline{A} + A \cdot \overline{B} + \overline{A} \cdot B + \overline{B} \cdot B$$
$$= A \cdot (\overline{A} + \overline{B}) + B \cdot (\overline{A} + \overline{B}) = A \cdot (\overline{A \cdot B}) + B \cdot (\overline{A \cdot B})$$
$$= \overline{\overline{A \cdot (\overline{A \cdot B})} \cdot \overline{B \cdot (\overline{A \cdot B})}}$$

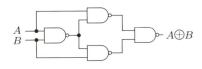

解図 12.1 回路図

参考文献

[1] S. シーリー著，抜山大三訳：電子管回路（上，下），岩波書店
[2] 丹野頼元：電子回路，森北出版
[3] 中島将光：基本電子回路，電気学会
[4] 清水　洋，柴田幸男：電子回路学，丸善
[5] 雨宮好文：現代電子回路学（I，II），オーム社
[6] 志村正道：電子回路（I，II），昭晃堂
[7] 黒部貞一：半導体回路，朝倉書店
[8] 押山保常，相川孝作，辻井重男，久保田　一：改訂電子回路，コロナ社
[9] D. L. シリング，C. ビラブ著，山中惣之助，宇佐美興一訳：トランジスタと IC のための電子回路（I，II，III），マグロウヒル好学社
[10] 山賀　威，中根正義：オペレーショナルアンプ応用技術読本，オーム社
[11] 角田秀夫：PLL の基本と応用，東京電機大学出版局
[12] 川又　晃：パルス回路，日刊工業新聞社
[13] 雨宮好文：パルス回路の考え方，日刊工業新聞社
[14] 三宅康友，石橋新一郎：パルス回路，朝倉書店
[15] 早田保実：パルス電子回路，日新出版
[16] B. B. ミッチェル著，矢崎銀作，池原典利，高橋宣明，武部　幹，中村敏雄訳：半導体パルス回路，コロナ社
[17] 誠文堂新光社電子展望編集部：最新 IC・トランジスタ回路アイデア集，誠文堂新光社
[18] 大越孝敬：基礎電子工学（改訂新版），電気学会
[19] 秋冨　勝，岩本　洋，河崎隆一：電子工学一般，東京電機大学出版局
[20] 桜庭一郎：半導体デバイスの基礎，森北出版
[21] 丹野頼元，宮入圭一：演習電子デバイス，森北出版
[22] 丹野頼元，松本光功，山沢清人，坂口博巳：例題で学ぶ電気・電子・情報回路の基礎，森北出版
[23] 青島伸治：電子回路，近代科学社
[24] 桜庭一郎，佐々木正規：演習電子回路，森北出版
[25] 玉井徳迪，藤田泰弘，角　辰己，勝山　隆，若井修造：半導体回路設計技術，日経 BP 社
[26] 原田　豊：図説電子回路工学，丸善
[27] 松本　崇，寺本三雄，篠崎寿夫：電子回路学の基礎，現代工学社

索　引

■英数先頭

$1/f$ 雑音　$1/f$ noise　20

AB 級　class AB　101

A-D 変換器　analog-digital converter　11

AM　amplitude modulation　117

AND　10, 183

A 級　class A　96

BCD　binary coded decimal　193

B 級　class B　96

C-MOS インバータ　complementary MOS inverter　10

CMRR　common mode rejection ratio　137

C 級　class C　96

D-FF　delayed FF　190

D-A 変換器　digital-analog converter　11

dB　decibel　36

dBm　36

decade　45

EEP　electrically erasable and programmable　11

Ex-OR　Exclusive OR　183

FD　frequency demultiplier　93

FET　field effect transistor　3

FET の 3 定数　7

FF　flip-flop　165, 188

FM　frequency modulation　124

GB 積　gain bandwidth product　46

GSI　Gigantic-Scale Integration　10

h パラメータ　hybrid parameter　17

IC　integrated circuit　1, 9

JFET　junction FET　3

JK-FF　192

LC フィルタ　LC filter　112

LPF　low-pass filter　92

LSB　lower sideband　122

LSI　Large-Scale Integration　9

LTP　lower trigger potential　173

ME　medical electronics　136

MOS-FET　metal-oxide-semiconductor FET　4

MOS 電界効果トランジスタ　metal-oxide-semiconductor FET　4

MSI　Medium-Scale Integration　9

NAND　10

NOT　10, 183

n チャネル　n type channel　3

octave　45

OR　183

OTL 回路　output transformerless circuit　101

PC　phase comparator　92

PLL　phase-locked loop　92

PM　phase modulation　124

p チャネル　p type channel　5

RAM　random access memory　11

RC 結合回路　RC coupled circuit　40

RC 同調増幅回路　RC tuned amplifier　63

RC 発振回路　RC oscillator　83

ROM　read only memory　11

RS-FF　reset-set FF　188

SEPP 回路　single-ended push-pull circuit　101

Si チップ　Si chip　9

SN 比　SN ratio　37

SR　slew rate　141

SRD　step-recovery diode　157

SSB　single sideband　119

SSI　Small-Scale Integration　9

T-FF　togle FF　189

TTL　transistor transistor logic　10

T ノッチフィルタ　T notch filter　148

ULSI　Ultra-Large-Scale Integration　9

USB　upper sideband　122
UTP　upper trigger potential　172
VCO　voltage controlled oscillator　92
VLSI　Very-Large-Scale Integration　9

■あ　行

アクティブフィルタ　active filter　148
圧電現象　piezoelectric phenomena　88
アップエッジ　up edge　190
アップカウンタ　up counter　192
アナログIC　analog IC　10
安定化電源回路　stabilized power-supply　113
安定係数　stability factor　27
暗箱　black box　12
移相回路　phase shift oscillator　83
位相同期ループ　phase-locked loop　92
位相反転回路　phase splitter　101
位相比較器　phase comparator　92
位相変調　phase modulation　124
位相補償　phase compensation　143
医用電子工学　medical electronics　135
インバータ回路　inverter　115, 162
ウィーンブリッジ発振回路　Wien bridge oscillator　86
エミッタ　emitter　7
エミッタ接地回路　common emitter　8
エミッタホロワ　emitter follower　13
エンハンスメント型　enhancement type　4
オーディオ増幅器　audio amplifier　40
オーバドライブ　overdrive　162
オーバトーン振動　over tone oscillation　91
オフセット電圧　off set voltage　49
オペアンプ　operational amplifier　10, 135
折れ線近似　broken line approximation　2

■か　行

下位トリガ電圧　lower trigger potential　173
外来雑音　external noise　37
回路パラメータ　circuit parameter　14
カウンタ回路　counter circuit　192
角度変調　angle modulation　124
過結合　overcoupling　62
加算回路　adder　146

仮想接地　virtual ground　143
カートリッジ　cartridge　50
過変調　overmodulation　117
カルノー図　Karnaugh map　185
カレントミラ定電流回路　current mirror　138
帰還　feedback　67
逆方向回復特性　reverse recovery characteristics　157
キャリア　carrier　1
キャリア蓄積時間　carrier storage time　152
吸収定理　183
共振特性の鋭さ　quality factor　56
クランプ回路　clamper　159
クリップ回路　clipping circuit　157
クロスオーバひずみ　crossover distortion　100
結合コンデンサ　coupling capacitor　26
ゲート　gate　3, 183
ゲート回路　gate circuit　183
減算回路　subtracter　146
高域周波数の特性　high frequency characteristic　42
コルピッツ回路　Colpitts oscillator　81
コレクタ　collector　7
混合IC　mixed-signal IC　11
コンデンサ・フィルタ　110
コンプライアンス　compliance　88

■さ　行

再帰定理　183
雑音温度　noise temperature　38
雑音指数　noise figure　38
差動増幅器　differential amplifier　136
差動利得　differential gain　136
三相半波整流回路　three-phase half-wave rectifier　109
自己バイアス　self bias　26
し張発振器　relaxation oscillator　77
時定数　time constant　154
しゃ断周波数　cut-off frequency　19
しゃ断領域　cut-off region　160
集積回路　integrated circuit　1, 9
周波数シンセサイザ　frequency synthesizer　88

索引　213

周波数選択増幅回路　frequency selective amplifier　55
周波数逓倍回路　frequency multiplier　91
周波数変調　frequency modulation　124
出力インピーダンス　output impedance　24
シュミット　Schmitt, O. H.　172
シュミットトリガ回路　Schmitt trigger　172
上位トリガ電圧　upper trigger potential　172
小信号等価回路　small-signal equivalent circuit　14
ショット雑音　shot noise　20
信号対雑音比　signal-to-noise ratio　37
進相型　phase lead　85
振幅条件　amplitude condition　79
振幅変調　amplitude modulation　117
水晶振動子　crystal oscillator　88
スイッチオフ　switch off　156
スイッチオン　switch on　156
スイッチング・レギュレータ　switching regulator　115
スタガ同調回路　stagger tuned circuit　63
スチフネス係数　stiffness　88
ステップ応答（step response）　153
ステップリカバリダイオード　step-recovery diode　157
ステレオ装置　stereo equipment　64
スーパヘテロダイン受信機　superheterodyne receiver　59
スピードアップコンデンサ　speed-up capacitor　162
スペクトル分布　spectrum　118
スルーレート　slew rate　141
正帰還　positive feedback　67
正帰還増幅器　positive feedback amplifier　68
正弦波発振器　sinusoidal wave oscillator　77
整流効率　rectification efficiency　105
整流特性　commutating characteristic　2
積分回路　integrator　147, 156
接合型 FET　junction FET　3
セラソイド変調　serrasoid modulation　129
セル　cell　11
全加算器　full adder　194

線形等価回路　linear equivalent circuit　14
全減算器　full subtractor　195
双安定マルチバイブレータ　bistable multivibrator　165
相互コンダクタンス　mutual conductance　7
双対　dual　12
増幅率　amplification factor　7
相補型 MOS インバータ　complementary MOS inverter　10
相補対称プッシュプル回路　complementary-symmetry push-pull circuit　102
側帯波　sideband　118
疎結合　loose coupling　62
ソース　source　3
ソースホロワ　source follower　13

■た　行
帯域幅　bandwidth　46
ダイオード　diode　1
ダイナミック RAM　dynamic RAM　11
タイミングチャート　digital timing diagram　187
ダウンエッジ　down edge　190
ダウンカウンタ　down counter　192
立ち上がり時間　rise time　152
立ち下がり時間　fall time　152
タップダウン　tap down　59
ターマン発振回路　Terman oscillator　85
ダーリントン回路　Darlington pair　137
単安定マルチバイブレータ　monostable multivibrator　167, 188
ターンオフ時間　turn off time　152
ターンオン時間　turn on time　152
単相全波整流回路　single-phase full-wave rectifier　108
単相半波整流回路　single-phase half-wave rectifier　108
単側帯波　single sideband　119
遅延時間　delay time　151
遅延線路　delay line　52
遅相型　phase lag　85
中域周波数の特性　mid frequency characteristic　41
中和　neutralization　64

中和回路　neutralization circuit　64

チョークコイル・フィルタ　choke coil filter　111

ツェナーダイオード　Zener diode　113, 158

定 K 型フィルタ　constant k filter　53

低域周波数の特性　low frequency characteristic　43

低域フィルタ　low-pass filter　92

ディジタル IC　digital IC　10

ディジタル回路　digital circuit　182

ディスクリート回路　discreat circuit　135

定電圧回路　voltage regulator　113

定電圧ダイオード　voltage regulator diode　113

ディレイド FF　delayed FF　190

デシベル　decibel　36

デプレッション型　depletion type　5

デューティ比　duty cycle　152

電圧源　voltage source　12

電圧制御発振器　voltage controlled oscillator　92

電圧変動率　voltage regulation　105

電圧利得　voltage gain　24

電界効果トランジスタ　field effect transistor　3

電子デバイス　electron device　1

電流源　current source　12

電流利得　current gain　24

電力利得　power gain　24

動作点　operating point　32

動作量　operate value　24

同相除去比　common mode rejection ratio　137

同調増幅回路　tuned amplifier　55

動抵抗　dynamic resistance　2

トグル FF　togle FF　189

ドーピング　doping　157

ド・モルガンの定理　De Morgan's law　183

トランジション周波数　transition frequency　19

トランジスタ　transistor　1

トランジスタ・トランジスタ・ロジック　transistor transistor logic　10

トリガ　trigger　155

トリガ電圧　trigger voltage　166

ドリフト　drift　49

ドレイン　drain　3

ドレイン抵抗　drain resistance　7

トーンコントロール　tone control　64

■な　行

ナイキスト線図　Nyquist plot　78

ナイキストの安定判別法　Nyquist stability criterion　74

内部雑音　internal noise　37

斜めクリッピング　diagonal clipping　123

ナル特性　null character　149

入力インピーダンス　input impedance　24

熱雑音　thermal noise　20

能動（活性）領域　active region　160

ノートンの定理　Norton's theorem　12

■は　行

バイアス電圧　bias voltage　25

バイアス電流　bias current　25

排他的論理和　Exclusive OR　183

倍電圧整流回路　voltage doubler rectifier　109

バイパスコンデンサ　bypass capacitor　26

バイポーラ・トランジスタ　bipolar transistor　7

ハイレベル　high level　182

発振周波数　oscillation frequency　79

発振条件　oscillation condition　78

ハートレー回路　Hartley oscillator　80

パルス　pulse　151

パルス幅　pulse width　152

半加算器　half adder　194

反結合発振器　back coupling oscillator　77

半減算器　half subtractor　195

反転増幅回路　inverting amplifier　142

ピアス回路　Pierce oscillator　89

ピーキング　peaking　51

ヒステリシス　hysteresis　174

否定　NOT　183

ビデオ増幅器　video amplifier　40

非反転増幅回路　non inverting amplifier　143

微分回路　differentiator　147, 155
ピンチオフ電圧　pinch-off voltage　3
フェーザ　phasor　15
フォスタ・シーリの周波数弁別回路　Foster-
　　Seely frequency discriminator　131
負帰還　negative feedback　67
負帰還増幅器　negative feedback amplifier
　　68
複同調回路　double tuned circuit　59
プッシュプル　push-pull　98
ブートストラップ回路　bootstrap circuit
　　175
フリップフロップ　flip-flop　165, 188
分周器　frequency demultiplier　93
分布増幅回路　distributed amplifier　52
平均値復調回路　average detector　123
並列共振回路　parallel resonance circuit　55
並列直列注入帰還　series-shunt feedback　70
ベース　base　7
ベース接地回路　common base　8
ベル　bel　36
変調指数　modulation index　125
変調度　modulation factor　117
ボイスコイル　voice coil　50
鳳・テブナンの定理　Ho–Thévenin's theorem
　　12
包絡線復調回路　envelope detector　123
飽和領域　saturation region　160
ボルツマン定数　Boltzmann's constant　20

■ま 行

マイクロホン　microphone　50
マルチバイブレータ　multivibrator　155
ミラー効果　Miller effect　43

ミラー積分回路　Miller integrator　177
無安定マルチバイブレータ　astable multivi-
　　brator　170, 187
無調整回路　91
メモリデバイス　memory device　10

■や 行

有能雑音電力　available noise power　21
有能電力利得　available power gain　24
ユニポーラ・トランジスタ　unipolar transistor
　　3
ゆらぎ　fluctuation　20

■ら 行

リセット・セット FF　reset-set FF　188
離調度　detuning factor　57
リップル率　ripple factor　105
利得帯域幅積　gain bandwidth product　46
リフレッシュ　refresh　11
リミット回路　limitter　159
流通角　flow angle　98
臨界結合　critical coupling　61
リング変調　ring modulation　122
ループ利得　loop gain　68
レベルシフト回路　level shifter　49, 139
ロジックデバイス　logic device　10
ローレベル　low level　182
論理積　AND　183
論理和　OR　183

■わ 行

ワンショットマルチバイブレータ　one-shot
　　multivibrator　168

著 者 略 歴

桜庭　一郎（さくらば・いちろう）
　1927 年　札幌市に生まれる
　1945 年　海軍兵学校卒業（第 74 期）
　1949 年　北海道大学工学部卒業
　1960 年　北海道大学工学部助教授
　1963 年　ミシガン大学客員助教授
　1965 年　北海道大学工学部教授
　1975 年　文部省在外研究員（短期）としてサザンプトン大学，
　　　　　　アイオワ大学およびミシガン大学で研究
　1990 年　北海学園大学工学部教授（1998 年まで），北海道大学名誉教授
　1996 年　著書『レーザ工学』（森北出版）で
　　　　　　第 5 回日本工学教育協会著作賞を受賞
　2007 年　逝去
　　　　　　工学博士

熊耳　忠（くまがみ・ただし）
　1948 年　仙台市に生まれる
　1972 年　北海道大学工学部卒業
　1977 年　北海道大学大学院博士課程修了
　1977 年　旭川工業高等専門学校助教授
　2002 年　同校退職　現在に至る
　　　　　　工学博士

編集担当　千先治樹（森北出版）
編集責任　富井　晃（森北出版）
組　　版　ブレイン
印　　刷　創栄図書印刷
製　　本　同

電子回路（第 2 版）新装版　　　　　　　　　ⓒ 桜庭一郎・熊耳　忠　*2018*

1986 年 5 月 1 日　　第 1 版第 1 刷発行　　【本書の無断転載を禁ず】
2000 年 8 月 10 日　　第 1 版第 18 刷発行
2002 年 5 月 9 日　　第 2 版第 1 刷発行
2018 年 3 月 20 日　　第 2 版第 10 刷発行
2018 年 12 月 5 日　　第 2 版新装版第 1 刷発行
2025 年 2 月 10 日　　第 2 版新装版第 3 刷発行

著　　者　桜庭一郎・熊耳　忠
発 行 者　森北博巳
発 行 所　森北出版株式会社

　　　　　　東京都千代田区富士見 1-4-11（〒102-0071）
　　　　　　電話 03-3265-8341／FAX 03-3264-8709
　　　　　　https://www.morikita.co.jp/
　　　　　　日本書籍出版協会・自然科学書協会　会員
　　　　　　JCOPY　＜（一社）出版者著作権管理機構　委託出版物＞

落丁・乱丁本はお取替えいたします．

Printed in Japan／ISBN978-4-627-70533-3